LEAN FOR GREEN

Alessandro Morelli

LEAN FOR GREEN

How Lean Six Sigma Is Making a Difference

Prefazione
Karl-Friedrich and Caroline Scheufele
Co-Presidents Chopard Group

ISBN 979-12-200-5640-3

© 2020 Lean in Finance
Per informazioni: Servizio Clienti
e-mail info@leaninfinance.com

Fotografia in copertina: Alessandro Genero
www.instagram.com/alexgen2

Prima edizione: gennaio 2020

Sommario

Prefazione

The world today is facing growing complex and interconnected challenges, from climate change and biodiversity loss to persistent economic inequality, with profound repercussions not only on the future of our next generations, but also on the ability of businesses to sustain continuous growth. Today, more than ever before, profits are consistent with purpose, and a successful business strategy is dependent upon its ability to generate long-term value to the company and its stakeholders.

This is the reason why, back in 2013, at Chopard we embarked on the Journey to Sustainable Luxury, driven by an ambitious commitment to make a positive difference. What motivated us to begin this journey was the deep conviction that we can no longer trade-off between ethics and aesthetics. Indeed, we believe that watches and jewellery which have been responsibly sourced and produced, are even more valuable and beautiful.

During this journey we have been addressing all the different social and environmental challenges that surround the watch and jewellery industry, ensuring that human rights and environmental standards are upheld along the entire value chain, from the sourcing of our raw materials, to the production of the final collections that can be admired in our renowned boutiques all over the world. We are particularly proud of having achieved 100% ethical gold, which is since July 2018 sourced from traceable routes.

As a testament to our desire to have direct control in our production process and ensure high quality and ethical standards, in 1978 we established our own in-house foundry workshop. Our foundry allows us to produce all of our gold alloys ourselves and recycle as much as 70% of our pre-consumer gold scraps, reducing our dependence on freshly mined gold.

At Chopard, we take the power of our brand influence seriously. Operating responsibly is not only a reflection of our traditional family values, but also a moral imperative to leverage on our visibility and platform to raise awareness and mobilize the market, the public opinion and all our stakeholders towards a greater good and a sustainable future.

The final destination of our Journey to Sustainable Luxury is still uncharted, because each achievement motivates us to do better and better and to push our limits farther.

Meanwhile each action brings us one step closer to a better future for our company, our people, and the generations to come.

Karl-Friedrich and Caroline Scheufele
Co-Presidents Chopard Group

Introduzione

Lean in Finance diventa Green

I rapidi drammatici e trasformativi miglioramenti che molte aziende hanno ottenuto utilizzando il Lean Six Sigma, insieme alla tendenza ad implementare sistemi di miglioramento continuo, hanno suscitato l'interesse di molti Amministratori Delegati, Dirigenti e Manager di Azienda. Questo libro affronta le seguenti domande chiave sul Lean Six Sigma e il perchè può fare la differenza.
Come possiamo sapere se il Lean è giusto per la nostra organizzazione?
Il capitolo 3 introduce i metodi Lean e Six Sigma, spiega come il Lean Six Sigma è diverso da altre iniziative e aiuta i decisori a considerare se il Lean è giusto per le loro aziende. Il libro esamina anche i cinque elementi chiave che sono importanti per sostenere il successo a lungo termine con il Lean Six Sigma.
Il capitolo 4 fornisce linee guida, risorse e suggerimenti per la selezione di un progetto Lean for Green e informazioni su come selezionare un metodo di miglioramento. Queste informazioni vi aiuteranno a valutare l'auspicabilità di potenziali progetti Lean Six Sigma ponderando i criteri di selezione centrati sulla strategia rispetto a quelli basati sulle

problematiche. Le informazioni sulla varietà di metodi e tecniche Lean Six Sigma aiuteranno la vostra organizzazione a scegliere il metodo più appropriato per i vostri obiettivi di miglioramento del bilancio ambientale e finanziario. Gli eventi Lean sono percorsi che richiedono facilitazione e una guida esperta, così come il duro lavoro di un team impegnato.

La definizione dello scopo e il lavoro preliminare sono fondamentali per il successo degli eventi Lean. Il Capitolo 5 fornisce linee guida, risorse e suggerimenti per la preparazione di un evento Lean, compresa la selezione del team e il ruolo del Champion nelle iniziative di miglioramento dei processi o nei programmi di eccellenza dei processi. Durante la riunione di preparazione di un evento descritta in questo capitolo, il vostro team Lean svilupperà la Project Charter, ponendo le basi per un evento di successo, compresi obiettivi ben definiti, condizioni al contorno e il necessario prelavoro. La comunicazione pre-evento aiuterà a garantire che l'evento sia il più efficace possibile.

Il Capitolo 6 fornisce linee guida, risorse e suggerimenti per replicare i successi. Gli argomenti di questo capitolo includono l'avvio di un evento Lean, la gestione delle fasi e dei cambiamenti durante l'evento e l'identificazione delle attività di follow-up e replica dei miglioramenti per ottenere la Certificazione Internazionale delle competenze dei team di lavoro.

Una volta che la vostra azienda ha completato un evento Lean, è importante pensare strategicamente a come replicare e sostenere i miglioramenti e realizzare una trasformazione in una cultura del miglioramento dei processi in tutta la vostra azienda. I capitoli 7-9 discutono i modelli per l'implementazione del Lean Six Sigma in un'organizzazione, insieme a passi specifici per sostenere e diffondere l'attività Lean Six Sigma e diventare così un'impresa di Eccellenza e Sostenibile. Il capitolo 10 discute gli esempi di buone pratiche per raggiungere l'eccellenza e come collegare i progetti Lean Six Sigma alla Missione e alla Strategia aziendale, inclusi i Progetti di Merging & Acquisitions e quelli di Transformazione Digitale.

I benefici derivano dall'eliminazione degli sprechi ed inoltre i risultati derivanti dai cambiamenti culturali aiuteranno la vostra azienda ad aumentare il valore per il cliente, migliorando i livelli di servizio, l'efficienza e la produttività. Le possibilità sono entusiasmanti, sia che abbiate intenzione di utilizzare il Lean Six Sigma per una soluzione mirata dei problemi o per trasformare la cultura della vostra azienda. Qualunque sia il vostro percorso, questo libro vi aiuterà ad ottenere il massimo dai vostri eventi Lean e progetti Six Sigma.

Alessandro Morelli
CEO Lean in Finance

Sono grato per la preziosa determinazione di mia moglie Laura che mi ha spinto a sviluppare questo libro di esperienze e Best Practice per l'Eccellenza al fine di spiegare come integrare le iniziative Lean Six Sigma con il Miglioramento Ambientale.

Ringraziamenti speciali sono dedicati a Karl-Friedrich e Caroline Scheufele, Co-Presidenti del Gruppo Chopard per la gentile introduzione a questo libro e per il caso pratico applicativo che illustra il loro viaggio verso il Lusso Sostenibile.

Ringraziamenti speciali sono dedicati a Philipp Ammann, Direttore Wholesale Chopard e Simona Zito, Direttore Generale Chopard Italia, per essere stati i primi a promuovere in Italia questo percorso di Lusso Sostenibile portando la loro esperienza.

Un ringraziamento speciale alla Fondazione Andrea Bocelli per l'inaugurazione di una nuova scuola elementare e materna in Italia, che è stata ricostruita in soli 150 giorni dopo il terremoto e secondo i principi della sostenibilità.

1. Perché Lean e Six Sigma sono importanti per l'ambiente

Negli ultimi anni, molti professionisti dell'ambiente hanno assistito alla rapida espansione delle attività Lean e Six Sigma in diversi settori commerciali e manifatturieri. Un numero crescente di professionisti dell'ambiente vede un'interessante opportunità nella possibilità di sfruttare questa tendenza per ottenere migliori risultati ambientali più rapidamente. Questo capitolo discute questa tendenza ed esplora il motivo per cui i professionisti dell'ambiente potrebbero desiderare di saperne di più sulle iniziative Lean e Six Sigma. Il capitolo esamina come il collegare gli sforzi di miglioramento dei processi Lean e Six Sigma con le iniziative ambientali possa far progredire entrambi gli sforzi, ottenendo più rapidamente risultati ambientali e di sostenibilità. La sfida e l'opportunità per i professionisti dell'ambiente è di impegnarsi produttivamente con i professionisti Lean e Six Sigma, incontrandoli dove si trovano, per tradurre le opportunità ed i concetti ambientali nel lessico Lean e Six Sigma al fine di rendere il miglioramento ambientale un aspetto integrato della fornitura di valore per soddisfare le esigenze dei clienti e generare ulteriore valore.

1.1 Grandi progressi e maggiori opportunità

Negli ultimi vent'anni sono stati compiuti notevoli progressi nella gestione ambientale del settore commerciale e industriale. L'attenzione alla conformità normativa si è estesa alla prevenzione dell'inquinamento alla fonte e alla considerazione di più ampi obiettivi di sostenibilità ambientale nelle decisioni organizzative. I professionisti dell'ambiente hanno permesso questa transizione. I risultati attribuiti alla gestione ambientale, alla prevenzione dell'inquinamento e alle iniziative di sostenibilità ambientale sono impressionanti. I progressi in quattro aree chiave stanno aiutando le organizzazioni di diversi settori a realizzare risultati ambientali ed economici convincenti:

- Gli strumenti e le competenze ambientali aiutano le imprese e altre organizzazioni a ridurre al minimo gli sprechi, a prevenire l'inquinamento e ad orientarsi verso processi e prodotti più sostenibili dal punto di vista ambientale.
- I sistemi di gestione ambientale istituzionalizzano le attività di gestione ambientale e promuovono il miglioramento continuo.
- Il business case per le attività ambientali influenza un numero crescente di decisioni aziendali, infatti studi di casi e progetti dimostrano come una gestione ambientale proattiva può portare benefici sui risultati economici.
- Le aziende stanno sperimentando sempre più spesso "percorsi verso la sostenibilità", incorporando la responsabilità sociale d'impresa nel tessuto centrale della strategia e delle operazioni aziendali.

Nonostante i progressi compiuti, vi sono ancora significative opportunità di migliorare le prestazioni ambientali riducendo ulteriormente l'impatto ambientale dei processi produttivi, dei prodotti e dei servizi.

Considerati i numerosi benefici ambientali ed economici di iniziative ambientali, come i sistemi di gestione ambientale, la prevenzione dell'inquinamento, la progettazione per l'ambiente e altre iniziative ambientali e di sostenibilità, ci si potrebbe aspettare che sia facile convincere le aziende ad attuare maggiori sforzi ambientali. In genere, tuttavia, queste iniziative hanno difficoltà a diffondersi nella cultura e nel DNA aziendale. Un'idea sbagliata che i professionisti dell'ambiente hanno, a volte, è che se più persone fossero a conoscenza dei benefici delle opportunità ambientali, le organizzazioni potrebbero fare di più. Un'implicazione ovvia di questo argomento è di investire in una maggiore diffusione dell'informazione e assistenza tecnica. Se solo potessimo mettere nelle giuste mani la ricchezza degli strumenti di gestione ambientale esistenti, si farebbe di più. Anche se questo pensiero è chiaramente importante, c'è motivo di sospettare che ci sia qualcosa di più nella storia. Un ritorno positivo sul capitale investito non è sempre un criterio di scelta sufficiente, i progetti di capitale devono superare gli ostacoli interni che pesano il valore di ogni alternativa quando si utilizza capitale limitato. Anche i piccoli progetti, che richiedono un investimento di capitale limitato o nullo, devono comunque competere per tempo e attenzione organizzativa limitate. Di conseguenza, molte idee promettenti in campo ambientale e non solo, non vengono calate a terra, perché non considerate centrali per il successo aziendale. Questa sfida ha spinto molti professionisti dell'ambiente a cercare modi creativi per attirare l'attenzione e gli investimenti organizzativi per le opportunità di miglioramento ambientale. È in questo contesto che la Lean manufacturing e il Six Sigma sono emersi come veicoli potenti per ottenere risultati ambientali. Anche se non è necessariamente facile, i primi risultati ottenuti facendo leva sui metodi di miglioramento delle attività Lean e Six Sigma per promuovere gli obiettivi ambientali sono promettenti. Nei prossimi capitoli saranno illustrati esempi di come le aziende hanno ottenuto risultati ambientali e risparmiato sui costi, integrando considerazioni ambientali nei progetti Lean Six Sigma.

1.2 Sfruttare il miglioramento del processo operativo

Il Lean manufacturing si riferisce ad un insieme di principi e metodi di miglioramento aziendale originariamente sviluppati da Toyota che si concentrano sull'identificazione sistematica e l'eliminazione di attività non a valore aggiunto o "waste" coinvolti nella produzione di un prodotto o nella fornitura di un servizio ai clienti. Il Six Sigma, sviluppato da Motorola e divulgato da General Electric, si riferisce ad un metodo e strumenti quantitativamente rigorosi che utilizzano informazioni, analisi statistiche per misurare e migliorare le prestazioni, sistemi informativi e processi di un'organizzazione, con l'obiettivo primario di identificare ed eliminare le fonti di variazione al fine di migliorare la qualità del business. Lean e Six Sigma incorporano entrambi una cultura del miglioramento continuo che favorisce l'eliminazione degli sprechi o la minimizzazione e la prevenzione dell'inquinamento. Alcune aziende pongono maggiore enfasi sul Lean, mentre altre sottolineano l'esigenza del Six Sigma come struttura organizzativa. Sempre più spesso le organizzazioni fondono i metodi come "Lean Six Sigma".

1.3 L'eredità del Dr. Mikel J. Harry's

All'Accademia del Dr. Alessandro Morelli ci impegniamo a
proteggere e promuovere l'eredità del defunto Dr. Mikel J.
Harry, co-creatore del Six Sigma. Il Dr. Harry ha addestrato
e fatto da mentore a 26 Executive Master Black Belts
(EMBBB) per continuare il suo lavoro e la sua eredità e
Alessandro Morelli è uno dei 26 in tutto il mondo e l'unico
residente in Italia. Il Dr. Mikel J. Harry ha affidato a questo
team di portare avanti la sua eredità. I colleghi EMBBs e
Alessandro hanno lavorato diligentemente negli ultimi anni
per aggiornare ed estendere il lavoro del Dr. Harry in tutte
le parti del mondo. Siamo molto orgogliosi di annunciare il
recente lancio di questa formazione nell'Unione Europea.
È il contenuto originale che ha contribuito a far risparmiare
miliardi di dollari a General Electric, Ford, Dupont,
Motorola e molti altri. Con così tanta diluizione
dell'addestramento delle varie cinture del Six Sigma nel
mondo di oggi, è tempo di tornare al curriculum collaudato
che ha 40 anni di successi nel preservare la vera essenza di
Six Sigma.
Alessandro Morelli è autorizzato a rilasciare in Europa la
certificazione internazionale Six Sigma Academy per Master
Black Belt, Black Belt, Green Belt, Champion ed Esperto di
Innovazione.

Le metodologie di miglioramento dei processi Lean e Six Sigma lavorano bene insieme. L'attenzione del Lean all'eliminazione degli sprechi e il miglioramento della velocità dei processi è completata dall'attenzione del Six Sigma all'eliminazione delle variazioni e al miglioramento della qualità del prodotto e del servizio. La Fig. 1.2 fornisce lo scopo del Lean e Six Sigma.

1.4 Lean e Six Sigma: due gambe che camminano insieme

Le aziende e le organizzazioni stanno espandendo in modo aggressivo l'uso di Lean e Six Sigma come strategie chiave per affrontare le pressioni del mercato competitivo che influenzano i costi, la qualità e le richieste dei clienti. Il Lean Six Sigma sta guidando il cambiamento in numerosi settori commerciali e industriali, per esempio: Automotive, Aerospaziale, Lavorazione dei Metalli, Automazione, IT e Software House, Fornitura di Servizi e Prodotti anche nel settore del Lusso, Farmaceutico e Sanitario, Semiconduttori, Imballaggio, Energia, Edilizia, Assicurazioni e Istituzioni Finanziarie. La forza del Lean Six Sigma e il rapido miglioramento crea una tenuta che aiuta ad essere sostenibile nel lungo periodo. Anche se l'impegno verso il Lean e Six Sigma varia in modo significativo tra le organizzazioni, molti considerano l'implementazione come un percorso a lungo termine che richiederà una leadership e un impegno organizzativo sostenuto.

1.41 Lean e Six Sigma possono integrare efficacemente le iniziative ambientali

I professionisti dell'ambiente hanno a lungo sostenuto che per ottenere un miglioramento ambientale che vada oltre i "frutti facili", un'organizzazione deve creare una cultura dell'eliminazione dei rifiuti incentrata sul miglioramento continuo. Gli elementi comuni di questa cultura organizzativa, così come identificati in molte iniziative ambientali, includono:
- Un approccio sistematico al miglioramento continuo
- Uno sforzo sistematico e continuo per identificare, valutare ed eliminare gli impatti ambientali e gli sprechi che vengono identificati e implementati dal personale operativo.
- Metriche ambientali che forniscono un feedback sulle prestazioni
- Impegno con la catena di fornitura per migliorare le prestazioni a livello aziendale
Il Lean e Six Sigma cercano di creare una cultura organizzativa molto simile e altamente complementare, focalizzata sul miglioramento continuo. In questo modo, utilizzano strumenti simili a molti altri in uso ai professionisti dell'ambiente, come la mappatura visiva dei processi "Value Stream Map" e l'analisi delle cause radice. Collegando le iniziative ambientali con quelle Lean e Six Sigma, i professionisti dell'ambiente possono sviluppare idee di miglioramento ambientale in modo più competitivo ed efficace, integrando le pratiche green nei processi e nella cultura aziendale.

1.5 Molti nomi per Lean e Ambiente

Gli sforzi per integrare le considerazioni ambientali nel Lean e Six Sigma hanno talvolta utilizzato etichette diverse come "Lean and Clean", "Lean and Green", "Lean and Sustainability", "Lean Ecology" o "Green Six Sigma". Questi termini possono essere utili per richiamare l'attenzione sugli sforzi per integrare gli universi paralleli di Lean e Ambiente. Allo stesso tempo, questi termini possono implicare che le considerazioni ambientali sono un'aggiunta, qualcosa di distinto e separato da Lean e Six Sigma, che scoraggia la piena integrazione.
Le considerazioni relative alla scelta di etichettare esplicitamente un'iniziativa come "verde" sono discusse più avanti nei prossimi capitoli. La chiave è quella di mettere le idee e le conoscenze sul miglioramento ambientale nelle mani dei team Lean nel momento in cui vengono prese le decisioni sui cambiamenti operativi. Le idee di miglioramento ambientale non hanno bisogno di competere in modo indipendente; possono cavalcare i dettagli dell'implementazione del Lean e del Six Sigma, parlando dell'esperienza di un'azienda. L'esperienza del mondo reale dimostra che questa collaborazione "Lean e Ambiente" si traduce in risultati sia operativi che ambientali.

1.6 Il Business Case "Lean e Ambiente"

Per i professionisti dell'ambiente, il valore fondamentale
dell'integrazione del Lean Six Sigma e degli sforzi per
l'ambiente è quello di ottenere più rapidamente risultati
ambientali. Quattro motivi convincenti supportano il
business case per il Lean e l'ambiente.

1. Risultati rapidi e drammatici: Il Lean produce
cambiamenti e risultati velocemente. Gli eventi di
miglioramento rapido Kaizen identificano gli sprechi e
implementano soluzioni in meno di una settimana.
Quando le questioni ambientali sono integrate nelle attività
Lean, le aziende hanno visto risultati ambientali rapidi e
convincenti. Senza un'adeguata attenzione,
l'implementazione immediata dei cambiamenti con logiche
Lean può talvolta entrare in conflitto con i requisiti e le
necessarie autorizzazioni per i processi sensibili dal punto

di vista ambientale. Questo è un motivo importante per coinvolgere i professionisti dell'ambiente.

2. Cultura del miglioramento continuo: Gli strumenti Lean e Six Sigma, come la mappatura dei flussi di valore (VSM), gli eventi kaizen, 5S, lavoro standard, controlli visivi e manutenzione preventiva totale, coinvolgono il personale di tutta l'organizzazione nell'identificazione e nell'eliminazione degli sprechi Lean. Lo sfruttamento di questi strumenti può rendere più facile il lavoro dei professionisti dell'ambiente, rafforzando ruoli e responsabilità e dando vita all'implementazione dei sistemi di gestione ambientale. Se un maggior numero di persone evidenzia sprechi ambientali, crescono di conseguenza le opportunità di miglioramento e più progressi possono essere compiuti.

3. Evitare fallimenti: Mentre Lean e Six Sigma (senza l'intervento di professionisti dell'ambiente) possono produrre potenti risultati di miglioramento ambientale, i rapidi cambiamenti possono anche creare problemi di conformità ambientale e normativa. L'integrazione del Lean e dell'ambiente può aiutare a garantire che gli impatti ambientali negativi siano evitati ed a superare le questioni normative e autorizzative che possono sorgere durante i cambiamenti guidati dal Lean e dal Six Sigma.

4. Nuovo mercato per le idee di miglioramento ambientale: I professionisti Lean e Six Sigma sono un nuovo pubblico importante per le idee e gli strumenti di miglioramento ambientale. Collegandosi con i professionisti Lean e Six Sigma, i professionisti dell'ambiente possono collegare la ricchezza di idee e strumenti di miglioramento ambientale con coloro che stanno guidando il cambiamento strategico e operativo all'interno di molte organizzazioni. Questo libro è stato progettato per assistere i professionisti ambientali nell'incontrare i professionisti Lean e Six Sigma

dove si trovano; aiutarli a tradurre i concetti ambientali nel lessico Lean; e rendere gli sforzi di miglioramento ambientale un aspetto integrato in soluzione di continuità con la fornitura di valore senza sprechi per soddisfare le esigenze dei clienti.

I prossimi capitoli forniscono descrizioni più approfondite del Lean e del Six Sigma ed i capitoli successivi descriveranno il rapporto tra il Lean Six Sigma e le iniziative ambientali.

2. Cos'è il Lean?

2.1 Cos'è il Lean Manufacturing ed il Lean in Service?

Il termine "Lean" coniato da James Womack, nel libro "La macchina che ha cambiato il mondo" descrive il paradigma produttivo stabilito da Toyota. Il Lean manufacturing o Lean production si riferisce ad un insieme di principi e metodi che si concentrano sull'identificazione e l'eliminazione delle attività non a valore aggiunto (waste) coinvolte nella produzione di un prodotto o nella fornitura di un servizio ai clienti. Nel contesto Lean, lo spreco è qualsiasi attività che non porta direttamente alla creazione del prodotto o servizio che un cliente desidera quando lo desidera. In questo paragrafo c'è una breve descrizione della storia dei principali attori della metodologia Lean. Henry Ford è nato nel 1863 da una famiglia di agricoltori a Dearborn, Michigan. Da giovane ha lavorato per Westinghouse come impiegato part-time. Nel 1896, costruì la sua prima carrozza senza cavalli. Nel 1903 fondò la Ford Motor Company. Negli anni '20 riuscì a costruire il Modello T, una delle auto più famose di tutti i tempi. Il modello T era affidabile e con un prezzo che rientrava nelle possibilità dei cittadini medi. Ha rivoluzionato il trasporto personale. Per costruire il suo modello T, Ford ha dovuto migliorare continuamente il suo processo di produzione. All'inizio ci sono voluti 728 minuti per costruire ogni auto. Alla fine ha ridotto questo a tempo a 93 minuti. Per ridurre il tempo, ha dovuto tagliare gli sprechi. Rimuovendo gli scarti, ha tagliato i costi. Come risultato, è stato in grado di ridurre il suo prezzo di vendita da $950/unità a $280/unità, guadagnando quote di mercato e realizzando comunque un sano profitto. Ford ha continuato a rivoluzionare l'industria manifatturiera. Tra i suoi molti altri successi c'era la linea di produzione. La produzione è stata ottimizzata progettando compiti specifici e ripetitivi per ogni dipendente. Mentre nonostante fosse piuttosto noioso per il lavoratore, questo ha minimizzato i tempi di formazione e standardizzato le operazioni essenziali. Henry Ford morì nel 1947.

Taiichi Ohno è nato a Manciuria, in Cina, nel 1912. Si è laureato al Nagoya Institute of Technology. È entrato in Toyota nel 1932 e per circa venti anni è cresciuto all'interno dell'organizzazione in varie posizioni di crescente responsabilità. Negli anni '40 e all'inizio degli anni '50, Ohno è stato Assembly Manager per la Toyota, e si è occupato di sviluppare molti miglioramenti che alla fine sono entrati a far parte del Toyota Production System (TPS). Durante gran parte di questo periodo la Toyota stava per fallire e Ohno non poteva permettersi grandi investimenti in nuove attrezzature o scorte massicce. Doveva avere successo attraverso l'uso di altri strumenti e metodi. Gli anni '50 videro l'inizio di una lunga collaborazione con Shigeo Shingo. La loro collaborazione e l'affinamento delle tecniche precedenti ha contribuito a definire una strategia di valore-oriented nella produzione che utilizzava strumenti relativamente semplici per eliminare gli sprechi e consentire ai processi di eseguire le attività con risorse minime. La carriera di Ohno si è

accelerata grazie al suo successo come Assembly Manager.
Egli è diventato vicepresidente esecutivo nel 1975. Negli
anni '80 è stato presidente di Toyota Gosei, una filiale e
fornitore di Toyota. Taiicho Ohno è morto a Toyota City
nel 1990.

Shigeo Shingo è nato nel 1909 a Saga City, Giappone, dove
ha frequentato la Saga Technical High School. Dopo la
laurea presso l'Istituto Tecnico Yamanashi nel 1930 è
andato a lavorare per la Taipei Railway Company.

Nel 1943 Shingo è stato trasferito allo stabilimento di
produzione di Amano a Yokohama. Come capo della
sezione di produzione ha aumentato la produttività del
100%. Shingo lavorò per diversi produttori nel 1945 e nel
1946 iniziò anche una lunga collaborazione con la Japanese
Management Association (JMA). Dal 1946-1954 Shingo ha
avuto molti incarichi, ha presentato diversi lavori influenti,
e raffinato molte idee relative alla gestione dei processi e
alla progettazione di impianti. Nel 1955, il Dr. Shingo iniziò
una lunga collaborazione con Toyota. Si consultò anche
con altre aziende. Fu in questo periodo che iniziò a lavorare
per migliorare gli allestimenti, raddoppiando la potenza di
una pialla a motore presso il cantiere navale Mitsubishi,
mentre nel 1959 il Dr. Shingo lasciò la JMA per avviare una
propria società di consulenza. Durante i primi anni '60,
come conseguenza del suo lavoro con Matsushita, sviluppò
i suoi concetti di "Mistake-Proofing". Nel 1969 ha avuto
origine lo SMED, quando ha ridotto il tempo di
allestimento di una macchina da 1000 tonnellate alla Toyota
da 4,0 ore a 3,0 minuti. Durante gli anni '70, Shingo viaggiò
in Europa e Nord America per molte conferenze, visite e
altri incarichi. Ha iniziato a vedere gli sforzi di Toyota
come un sistema integrato e ha iniziato ad assistere diverse
aziende americane ed europee nell'implementazione di
questo sistema. Il Dr. Shigeo Shingo ha scritto 14 libri

importanti e centinaia di documenti tecnici. Il Premio Shingo viene assegnato per l'eccellenza nella produzione come tributo al **Dr. Shingo** e al suo lavoro di tutta la vita. Shigeo Shingo è morto nel 1990.

Fig. 2.1   How Lean Tools Evolved

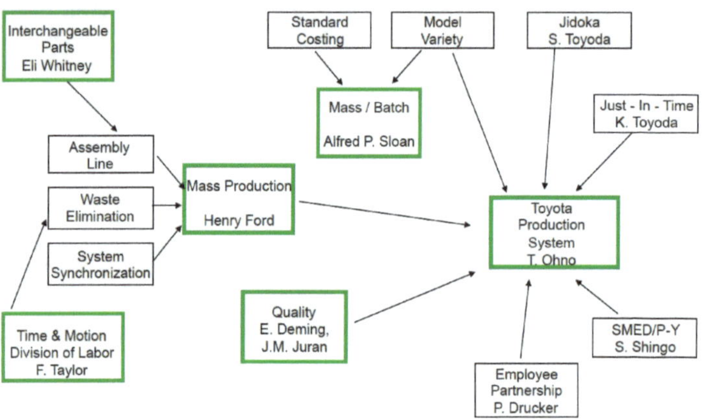

2.2 Ampliare la definizione di Lean

Alcune aziende hanno ampliato la definizione di Lean per includere concetti di sostenibilità ambientale, economica e sociale.

La nuova definizione di Lean:

"Sviluppare prodotti di altissima qualità, al minor costo, con tempi di consegna brevi, eliminando sistematicamente e continuamente gli sprechi, nel rispetto delle persone e dell'ambiente.

Wastes	The simple explanation…
Defects	It just doesn't meet expectations
Overproduction	Doing more than you need to – Output of a process
Transportation	Shipping stuff to different locations
Waiting	Things just don't happen when they should
Inventory	Keeping stuff on-hand when it isn't required
Motion	Excess movement- person/material – Within a process
Processing	Doing more than you need to – Within a process
Intelligence	Not including the input of those people most directly involved in the process

2.3 Strumenti Lean

Ci sono una varietà di metodi comuni nel Lean toolbox. Ognuno di questi metodi tattici ha chiaramente definito le fasi del processo, le tecniche ed i risultati desiderati. La maggior parte degli strumenti Lean sono implementati in brevi fasi di attività che includono fasi di pianificazione e implementazione mirate e intensive. In questo contesto, c'è un forte pregiudizio verso l'implementazione, in contrapposizione alla pianificazione prolungata. Questo si inserisce nella filosofia del miglioramento continuo che enfatizza l'introduzione di cambiamenti per affrontare i problemi ed eliminare gli sprechi, il monitoraggio delle prestazioni e l'introduzione di ulteriori cambiamenti per aumentare ulteriormente le prestazioni.

Per scaricare una selezione gratuita di strumenti Lean Innovation, Six Sigma e Change Management, fare riferimento al seguente link: www.leanforgreen.it e richiedere un'iscrizione gratuita.

Fig. 2.3   Five Principles of Lean

Principle 1 – Precisely specify the <u>value</u> of a specific process

Principle 2 – Identify the <u>value stream</u> for each process

Principle 3 – Allow value to <u>flow</u> without interruptions

Principle 4 – Let the customer <u>pull</u> value from the process team

Principle 5 – Continuously pursue <u>perfection</u>

Fig. 2.4   How Lean Tools Evolved

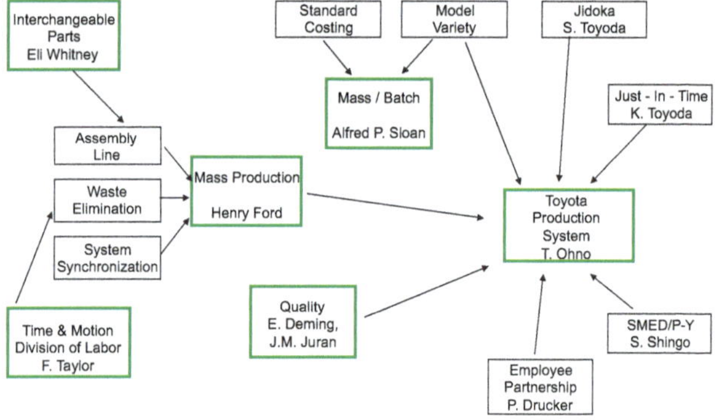

3. Cos'è il Six Sigma?

Lean Six Sigma non è un programma di miglioramento. E' invece una filosofia aziendale che impiega un approccio graduale per ridurre le variazioni, aumentare la qualità, la soddisfazione del cliente e, nel tempo, la quota di mercato.

"Lean Six Sigma riguarda la qualità del business,

non il business della qualità."

- Dr. Mikel Harry

3.1 Definizione del Six Sigma

Il Six Sigma si riferisce ad un insieme di tecniche consolidate di controllo statistico della qualità e metodi di analisi dei dati utilizzati per identificare e ridurre le variazioni nei prodotti e nei processi di servizio. Il Sigma è una lettera dell'alfabeto greco che rappresenta la deviazione standard da una popolazione statistica, quindi "sei sigma" indica un livello di qualità che è sei volte la deviazione standard. Ciò significa che i difetti si verificano solo circa 3,4 volte per milione di opportunità, il che rappresenta un'alta qualità e una variabilità minima del processo.
I metodi Six Sigma sono utilizzati per supportare e guidare le attività di miglioramento continuo dell'organizzazione. Utilizzando gli strumenti statistici Six Sigma, le aziende

sono in grado di diagnosticare le cause radice dei gap di performance e della variabilità, migliorando così la produttività e la qualità del prodotto e del servizio.
Il Six Sigma prende in prestito la terminologia di classificazione delle arti marziali per definire i ruoli dei praticanti.

3.2 Storia del Six Sigma

L'uso di Six Sigma come strumento per migliorare i processi produttivi ed eliminare i difetti può essere fatto risalire agli anni '20; tuttavia, non è stato ampiamente utilizzato come tecnica di controllo qualità fino alla fine degli anni '80, quando il Dr. Mikel J. Harry in Motorola ha sviluppato la filosofia del miglioramento continuo Six Sigma e molti degli strumenti statistici utilizzati per implementare questa filosofia. A quel tempo, Motorola era sotto la direzione del presidente Bob Galvin. Da quando Motorola ha sviluppato il Six Sigma, le tecniche sono state ampiamente adottate da aziende di diversi settori industriali. Il CEO di General Electric Jack Welch ha adottato le tecniche Six Sigma per la sua strategia aziendale nel 1995 e Mikel J. Harry ha contribuito ad ampliare ulteriormente l'uso della filosofia Six Sigma.
Alessandro Morelli ha fatto parte del primo gruppo di Cinture Nere, Master Black Belt italiane, certificate nel 1999 ed è una delle sole 26 Cinture Nere, Executive Master Black Belt al mondo, certificate direttamente dal Dr. Mikel J. Harry. Alessandro continua a lavorare per la diffusione del metodo in Italia e all'estero che prevede tipicamente l'implementazione di un processo in cinque fasi chiamato processo DMAIC (Definire, Misurare, Analizzare,

Migliorare e Controllare). Questo processo è utilizzato per guidare l'implementazione degli strumenti statistici Six Sigma e per identificare i waste e le variazioni di processo. È simile al metodo di miglioramento dei processi aziendali Plan-Do-Check-Act.

Le fasi del processo Six Sigma DMAIC sono le seguenti:

- Definire: In questa fase, i team Six Sigma si concentrano sulla definizione e dichiarazione del problema, compresi gli obiettivi dell'attività di miglioramento del progetto e l'identificazione delle questioni che devono essere affrontate per raggiungere un livello di sigma più elevato. Definire chiaramente il problema nel processo, identificare i KPI pertinenti e impostare la Project Charter a partire dal progetto. Voce del Cliente. Stima dei benefici (all'avvio del progetto)

- Misura: nella fase di misura, l'obiettivo è quello di raccogliere informazioni sul processo da migliorare. Le metriche sono stabilite e utilizzate per ottenere dati di base sulle prestazioni del processo e per aiutare ad identificare le aree problematiche.
Comprendere le prestazioni attuali del processo mappando e misurando i KPI identificati. Calcolo dei benefici basato sulle prestazioni attuali

- Analizzare: Questa fase riguarda l'identificazione delle cause radice dei problemi di qualità e la conferma di tali cause mediante strumenti statistici appropriati.
Trovare le cause alla radice del problema e comprenderne l'effetto sulle prestazioni del processo.

- Migliorare: Durante la fase di Improve, i team lavorano

all'implementazione di soluzioni creative ai problemi individuati. A volte i metodi Lean, come le 5S, l'error proofing e la manutenzione proventiva, sono identificati come soluzioni potenziali. Anche in questa fase i team conducono valutazioni statistiche di miglioramento. Sviluppare, selezionare e testare le migliori soluzioni per migliorare il processo; stimare i benefici facendo leva sui KPI. Calcolo dei benefici in base alle soluzioni scelte.

- Controllo: Nella fase finale, i team lavorano per istituzionalizzare il sistema migliorato modificando le politiche, le procedure e altri sistemi di gestione. I risultati delle prestazioni dei processi sono nuovamente monitorati periodicamente per garantire che i miglioramenti della produttività siano sostenuti e sostenibili. Verificare i miglioramenti di processo monitorando il nuovo processo misurandone le prestazioni e valutando il divario tra gli obiettivi ed i KPI raggiunti. Calcolo dei benefici dopo l'implementazione stabile dei cambiamenti.

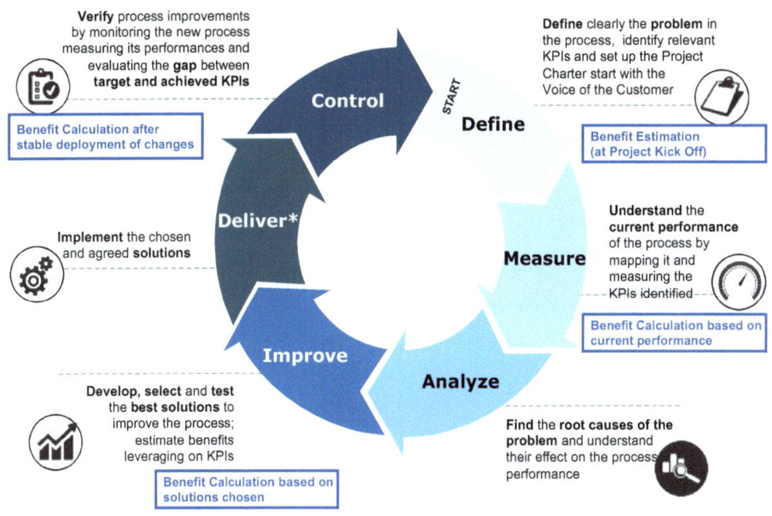

Verify process improvements by monitoring the new process measuring its performances and evaluating the gap between target and achieved KPIs
Benefit Calculation after stable deployment of changes
Control
START
Define
Define clearly the problem in the process, identify relevant KPIs and set up the Project Charter start with the Voice of the Customer
Benefit Estimation (at Project Kick Off)
Implement the chosen and agreed solutions
Deliver*
Measure
Understand the current performance of the process by mapping it and measuring the KPIs identified
Benefit Calculation based on current performance
Improve
Develop, select and test the best solutions to improve the process; estimate benefits leveraging on KPIs
Benefit Calculation based on solutions chosen
Analyze
Find the root causes of the problem and understand their effect on the process performance

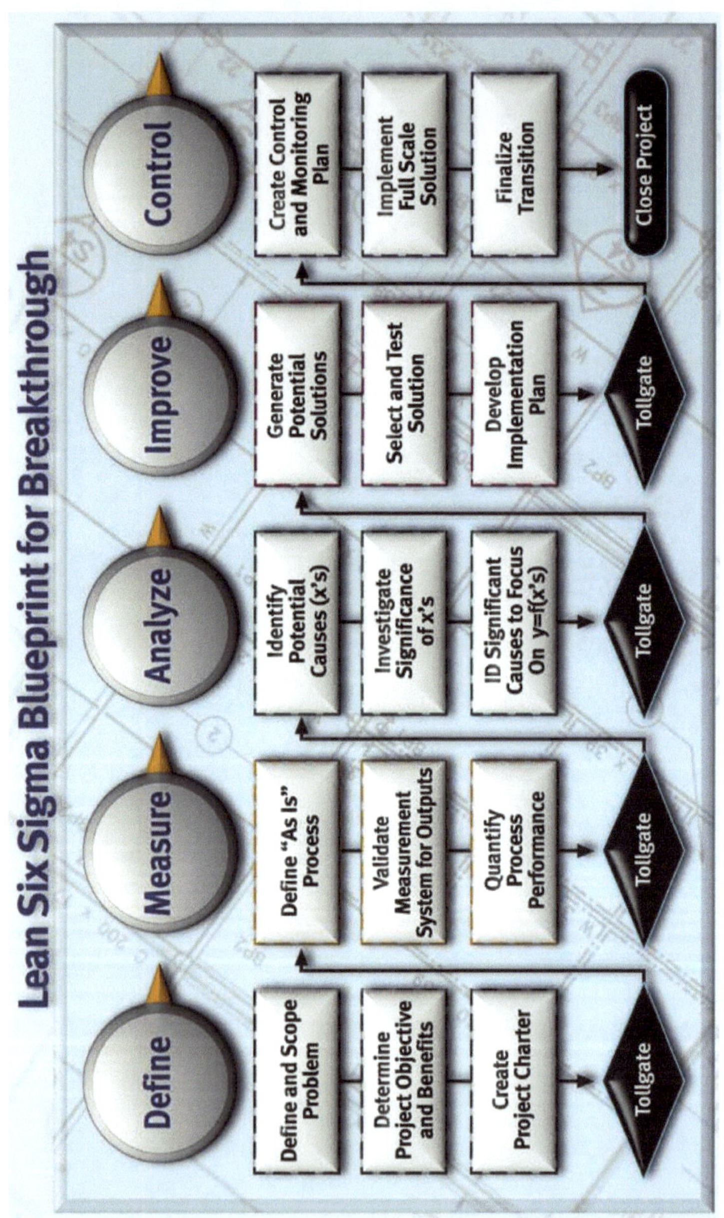
Lean Six Sigma Blueprint for Breakthrough
Control
Create Control and Monitoring Plan
Implement Full Scale Solution
Finalize Transition
Close Project
Improve
Generate Potential Solutions
Select and Test Solution
Develop Implementation Plan
Tollgate
Analyze
Identify Potential Causes (x's)
Investigate Significance of x's
ID Significant Causes to Focus On y=f(x's)
Tollgate
Measure
Define "As Is" Process
Validate Measurement System for Outputs
Quantify Process Performance
Tollgate
Define
Define and Scope Problem
Determine Project Objective and Benefits
Create Project Charter
Tollgate

Fig. 3.3   Lean Six Sigma Tools and Techniques

Tasks | **Tools and Techniques**

Phase	Tasks	Tools and Techniques
Define	Identify the Business Gap; Scope the Project; Document the Process; Collect & Translate the VOC; Define Metrics & Defects; Establish Preliminary Baseline & Entitlement; Develop Problem & Objective Statements; Estimate Financial Benefit; Confirm Improvement Methodology; Define Project Roles & Responsibilities; Identify Project Risks; Establish Project Timeline; Create Communication Plan	Project Definition Worksheet; SIPOC; Surveys & Interviews; Affinity Diagrams; Brainstorming; In/Out of Frame; Pareto Charts; CT Trees; Cost Benefit Analysis; Benchmarking; Metric Charts; Stakeholder Analysis; Communication Plan
Measure	Create a Value Stream Map; Create a Process Flow Diagram; Expose Simplification Opportunities; Run a SCORE Event (if needed); Analyze Measurement Systems; Improve Measurement Systems (if needed); Collect Data (Y's); Examine Process Stability; Perform a Capability Analysis	Data Collection Plan; Process Flow Diagram; Value Stream Map; Spaghetti Diagram; SCORE™; Measurement Systems Analysis; Check Sheets; SPC; Capability Analysis; Run Chart; Graphical Analysis; Elements of Waste; 5S
Analyze	Develop a List of Potential Causes; Narrow Down List of Potential Causes (x's); Collect Data on x's; Perform Graphical Analysis; Perform Statistical Analysis; Conduct Waste Analysis; Evaluate the Impact of the x's on Y; State Preliminary Y = f(x's)	Fishbone; Process Flow Diagram; Value Stream Map; FMEA; Cause & Effect (C&E) Matrix; Data Collection Plan; Graphical Analysis Selection Matrix; Statistical Analysis Selection Matrix (Hypothesis Testing & Regression); Takt Time; Workload Balancing; Work Combination Chart
Improve	Generate Potential Solutions; Create Future State VSM; Evaluate Potential Solution; State y = f(x's); Run a SCORE Event (if needed); Develop an Implementation Plan	Future State Value Stream Map; Random Word; TRIZ; Six Thinking Hats; Cellular Layout; SCORE™; Kanban; DOE; Solution Selection Matrix; Implementation Plan; SMED; TPM; Mistake Proofing
Control	Mistake Proof the Process; Determine the x's to Control & Methods; Complete MSA on Critical x's; Determine y's to Monitor & Metrics Reporting; Revise/Develop Process Documentation; Implement Solution; Evaluate Implementation; Develop Transition Plan; Handoff to Process Owner; Capture Lessons Learned; Write Final Report/Presentation; Celebrate!	SPC; Control Plan; MSA; Mistake Proofing; Dashboard; Project Transition Action Plan (PTAP); Capability Analysis; Communication Plan

4. Come Lean e Six Sigma si rapportano all'ambiente?

4.1 Aumentare l'Efficienza e la Produttività

I principi e gli strumenti del Lean for Green identificano ed eliminano le attività e gli sprechi a non valore aggiunto.

Lean Six Sigma.....

- Rimuove gli ostacoli che causano inefficienze
- Aumenta la qualità e la precisione
- Migliora il morale e incoraggia il miglioramento continuo
- Riduce la rilavorazione
- Aumenta la trasparenza e la chiarezza per i clienti interni ed esterni e la compliance a normative, riducendo il rischio
- Facilita il processo di digitalizzazione e automazione nell'industria manifatturiera e dei servizi

Fig. 4.1   Aggregated Financial Results of Projects

Financial Results — Revenue/Growth | Cost Reduction | Cash Flow & Margin

Enterprise View	
Performance Improvement	**Typical Benefits**
Production Throughput Increases	15 – 40%
Salaried Labor Reduction	15 – 25%
Hourly Labor Productivity	20 – 35%
Overtime Reduction	40 – 60%
Inventory Reduction	20 – 50%
MRO Purchase Price Reduction	5 – 10%
Freight Cost Reduction	5 – 20%
Raw Material Yield Increases	Up to 5%
Energy Reductions	5 – 15%
Capital Expense Reduction	10 – 30%
Customer Service Levels	Increase OTIF; Improve Quality; Reduce Complaints
Sales Force Effectiveness	Increase Sales; Increase Sales Margins
New product Introduction Effectiveness	Reduce Time to Market 40 – 60%; Improve Product Portfolio
IT / ERP Utilization	Enhance Management Analysis & Reporting; Integrate Systems
Health Safety & Environment	Reduction in Reportables and Releases

Synergy View	
Integration Opportunity	**Typical Benefits**
Shared Services Support Labor Rationalization (EHS, Procurement, Supply Chain, Customer Service, Etc)	25 – 40%
Indirect Admin Labor Rationalization (Finance, Accounting, HR, Legal, IT, Etc)	15 – 25%
Sales & Marketing Effectiveness (Commercial Functions, promotions, Etc)	5 – 10%
Technology Development Prioritization (R&D, Licensing, Etc)	20 – 40%
Sourcing & Purchasing Leverage (Raw Materials, Vendor Terms, Etc)	Up to 10%
Production operations Footprint Rationalization (SKU Consolidation, Production Relocation, Etc)	15 – 30%
Distribution Footprint Rationalization (Transportation Fleet, Warehousing Facilities, Etc)	15 – 20%
Inventory Reduction (Materials, MRO Parts and Spares, Etc)	20 – 40%
Capital Investment Prioritization (Production Capacity Enhancements, Facility Maintenance, Etc)	15 – 30%

4.2 Lavorare in modo più Sostenibile e con maggiore Intelligenza

La razionalizzazione dei processi promuove la missione Lean for Green per proteggere la salute umana e l'ambiente e fornire più valore ai clienti.

- I rapporti di ispezione standardizzati riducono i ritardi, migliorano la coerenza e aumentano la soddisfazione degli stakeholder.
- L'approvazione e il rilascio tempestivo dei requisiti richiesti dai clienti e dalle normative aumenta la certezza per la compliance ad attività regolamentate.
- I processi decisionali per i requisiti ambientali, come gli

standard di qualità dell'acqua, comportano meno passaggi e beneficiano di una migliore comunicazione.

Il Lean Six Sigma promuove una cultura del miglioramento continuo, consentendo ai dipendenti a tutti i livelli di migliorare il proprio lavoro.

- Lean summit, opportunità di formazione e progetti ispirano una comunità crescente di dipendenti a creare un'organizzazione ad alte prestazioni grazie al modo in cui svolgono il loro lavoro quotidiano.
- Costruire e creare facilitatori interni Lean e Six Sigma in tutte le sedi centrali e gli uffici regionali che conducono progetti di miglioramento dei processi.
- I dipendenti generano più idee su come rendere più efficiente attraverso le sfide del cambiamento Green

I miglioramenti Lean consentono di risparmiare tempo e risorse nelle operazioni, liberando il tempo del personale per concentrarsi sul lavoro e le missioni critiche.

- Dalla riduzione del rischio alla riduzione del time to market, i progetti Lean velocizzano le operazioni riducendo i tempi di attesa e aiutando il personale a rispettare le scadenze.
- L'introduzione di modelli standard e di liste di controllo nelle operazioni, come l'acquisto di attrezzature oppure applicativi, riduce gli errori e riduce i tempi di revisione e controllo.
- I principi Lean "Agile" e "Lean Startup" aiutano a sviluppare e integrare nuove tecnologie per ottimizzare e automatizzare i processi aziendali.
- Il Six Sigma aiuta l'innovazione dei prodotti e servizi con

l'analisi dei dati, permettendo una integrazione intelligente dell'automazione nei processi aziendali quali il Robot Process Automation "RPA". Inoltre aiuta a far crescere le competenze nella tecnologia di business data driven come Internet of Things, Artificial Intelligence "AI", Advanced Analytics, Big Data Analysis e l'introduzione di concetti di Advanced Operation.

4.3 Concetti di Advanced Operation: "Data Driven Process Redesign"

"....ottimizzando in soluzione di continuità processo, tecnologia, dati e capitale umano per unire efficienza e innovazione in una crescita sostenibile".

Advanced Operations utilizza l'analisi dei dati predittivi e prescrittivi in tempo reale per guidare l'azione ed i risultati. Coltiva e stimola le persone, dando ai dipendenti gli strumenti per avere successo.

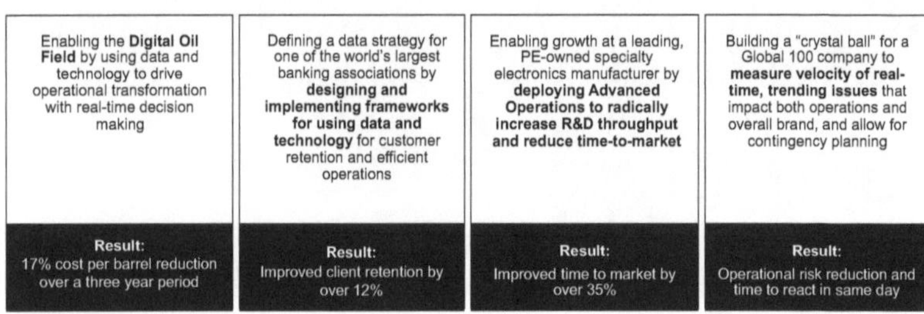

Problema: una banca d'investimento utilizza un processo altamente inefficiente, manuale e cartaceo per fornire prodotti e servizi ai clienti. L'azienda deve reinserire e riformattare gli stessi dati tre volte prima di fornire l'ordine finale.

4.4 La sfera d'affari di Proctor & Gamble

P&G ha implementato un programma che analizza e collega fino a 200 terabyte di dati (pari alla quantità di informazioni contenute in 200.000 copie dell'Enciclopedia Britannica), consentendo una granularità e una personalizzazione senza precedenti.

4.5 Motore a Reazione di Nuova Generazione di GE

Il motore Genx jet di Ge ha 5.000 punti di dati analizzati al secondo per ottimizzare i tempi di volo.

Mettetelo in prospettiva, un singolo volo cross-country attraverso gli Stati Uniti genera 240 TB di dati. Il motore medio del Boeing 787 genera 10 terabyte ogni 30 minuti di volo.

Il totale dei dati generati ogni giorno dalla flotta globale di aerei 787 oggi in funzione vale:

(20 TB/ora x 9 ore di funzionamento medio giornaliero) x 2 motori x 114.787 aeromobili = 41.040 terabyte (o 40 petabyte).

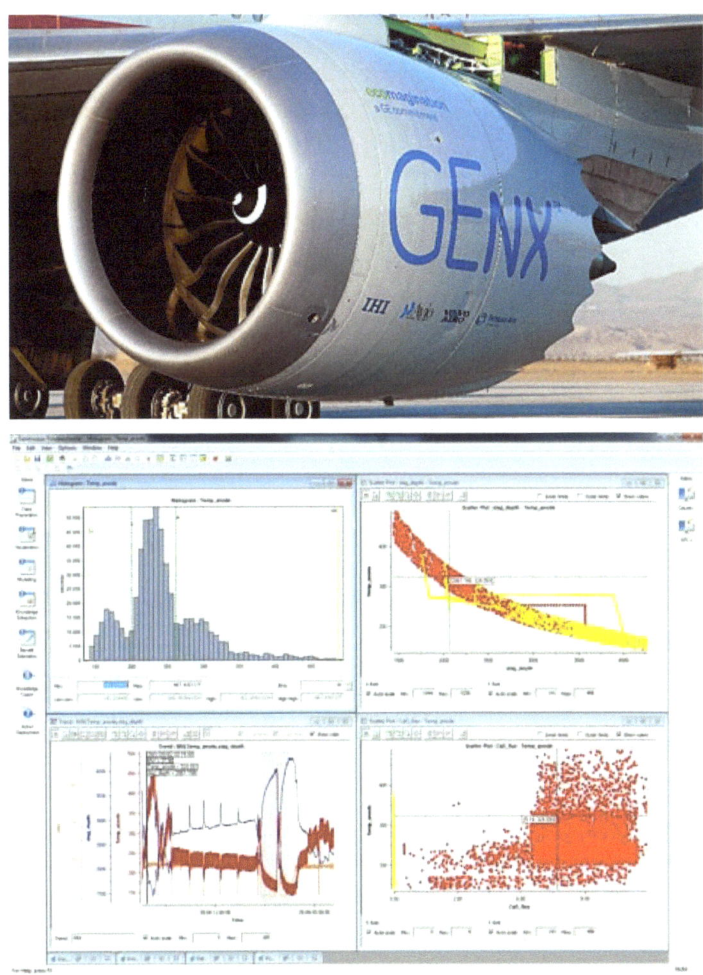

Lean For Green sfrutta i successi dei progetti e collabora con i governi europei e con le camere di commercio e le fondazioni locali per diffondere le soluzioni Lean Six Sigma applicate a favore dell'Ambiente.
Processi più efficienti garantiscono un servizio migliore e transazioni meno onerose per la comunità regolamentata.

4.6 Chopard and The Journey to Sustainable Luxury

Fondata nel 1860, l'azienda ginevrina a conduzione familiare Chopard è oggi uno dei marchi leader nel settore degli orologi e dei gioielli di lusso a livello mondiale.
Dal 2013, un altro elemento ha rafforzato Chopard come leader riconosciuto del settore: il lavoro per integrare i principi di sostenibilità nel core business della Maison attraverso The Journey to Sustainable Luxury.
The Journey to Sustainable Luxury è stato lanciato nel 2013, spinto dall'impegno di Chopard ad affrontare le sfide sociali e ambientali che l'industria dell'orologeria e della gioielleria deve affrontare. L'obiettivo era quello di creare un'attività in cui l'etica potesse coesistere con l'estetica.
Il Journey è stato lanciato con un focus sulla filiera dell'oro, l'ingrediente principale della Maison, per garantire il rispetto dei diritti umani e degli standard ambientali lungo l'intera catena del valore, e per partecipare allo sviluppo e al potenziamento economico dei minatori d'oro artigianali e su piccola scala il cui contributo all'industria è troppo spesso trascurato.
Partendo da una prima partnership con l'Alliance for Responsible Mining (ARM), il Viaggio nel Lusso Sostenibile è culminato nel luglio 2018 con l'annuncio che Chopard ora si rifornisce di oro al 100% di oro etico. Il Viaggio nel Lusso Sostenibile ha portato un cambiamento positivo per le comunità che partecipano alla catena del valore dell'oro, garantendo la stabilità del lavoro e il rispetto di standard più elevati in materia di sicurezza, diritti umani e impatto ambientale.
Investendo direttamente nelle miniere d'oro artigianali e fornendo risorse finanziarie e tecniche in collaborazione

con l'ARM, Chopard è stata direttamente responsabile di alcune miniere su piccola scala che hanno ottenuto la certificazione Fairmined (in particolare la Cooperativa Multiactiva Agrominera de Iquira e la Coodmilla Mining Cooperative in Colombia), nonché dell'aumento dei volumi di oro artigianale sul mercato. Le piccole comunità minerarie, ora in grado di dimostrare che gli standard sociali e ambientali sono rispettati durante tutto il processo di estrazione, sono in grado di vendere il loro oro a un prezzo superiore attraverso nuove rotte commerciali, dal Sud America all'Europa, fornendo ulteriori entrate finanziarie alle comunità locali.

In linea con lo scopo della metodologia Lean Six Sigma, questa nuova strategia di approvvigionamento ha portato Chopard a migliorare l'efficienza operativa, accorciando la catena di approvvigionamento e, in particolare, riducendo le variazioni dei prezzi delle materie prime.

Il Viaggio nel Lusso Sostenibile ha inoltre fornito una gamma completa di risultati unici per Chopard, dimostrando che l'integrazione dei principi di sostenibilità nel core business di un'azienda ha un senso commerciale. Il viaggio ha permesso a Chopard di essere riconosciuta come leader nel settore e ha portato opportunità di differenziazione del marchio incomparabile rispetto alla concorrenza. Ha migliorato il coinvolgimento dei clienti, con effetti positivi sulle vendite in tutti i territori strategici. Ha creato opportunità per stringere relazioni più forti con i principali opinionisti e celebrità, con effetti strappalacrime sulla qualità e la quantità della copertura mediatica globale di Chopard in uno dei settori più competitivi.

Alla base di questo successo c'è la forza di una storia ispiratrice e sincera, basata su valori condivisi. Infine, ma non meno importante, il Journey ha contribuito a creare una base di dipendenti sempre più motivata a livello globale

e ha ispirato il continuo sviluppo della nuova Collezione
"Green Carpet Challenge" (GCC) - bellissimi gioielli con
una storia di eccellenza nella sostenibilità da raccontare.

**Fig. 4.5 Chopard High Jewellery necklace from the
Green Carpet Collection**

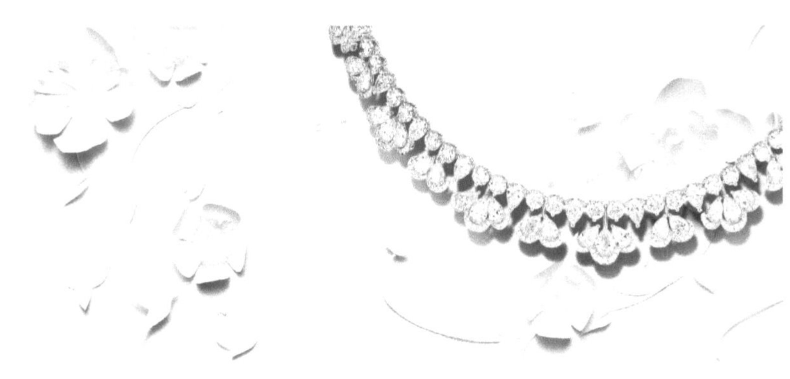

The Journey to Sustainable Luxury mette sotto i riflettori
dei media il vero connubio tra etica ed estetica. Dal 2013, le
squisite creazioni di Chopard sono state protagoniste degli
Academy Awards, dei Golden Globes, del Festival di
Cannes e del Met Ball, oltre che di molti altri eventi
mediatici. Il successo mediatico attratto dalle collezioni di
gioielli unici che combinano la bellezza di un pezzo di
gemma fatto a mano con la promessa di un processo di
produzione e di sourcing virtuoso è stato evidente quando
la prima Green Carpet Collection è stata lanciata al Festival
di Cannes nel maggio 2013. Nel gennaio 2014, Cate
Blanchett ha vinto il premio come Migliore Attrice ai
Golden Globe indossando un paio di splendidi orecchini in
oro 18 carati Fairmined e diamanti provenienti da un

produttore certificato dal Responsible Jewellery Council. L'anno successivo, Chopard, partner ufficiale del Festival di Cannes dal 1998, ha presentato in anteprima la prima Palma d'Oro di Cannes realizzata in oro 18 carati Fairmined. Nel maggio 2015, la copresidente di Chopard, Caroline Scheufele, ha lanciato la sua prima linea di diffusione in oro 18 carati Fairmined, rendendo omaggio al prezioso simbolo del cinema: la Collezione Palme Verte. Nel maggio 2014, Chopard ha ampliato le sue collezioni Journey e GCC con il lancio a Baselworld di una novità mondiale: l'orologio L.U.C. Tourbillon realizzato in oro 18 carati Fairmined e presentato per la prima volta da Colin Firth. Da allora, Chopard ha esteso l'uso dell'oro Fairmined a un numero maggiore di creazioni di alta gioielleria e ai suoi orologi più prestigiosi.

Nel 2018, la Maison ha raggiunto un importante traguardo quando ha annunciato il raggiungimento del 100% di Oro Etico per tutte le sue creazioni di orologi e gioielli. Chopard definisce "Oro Etico" l'oro acquistato da due percorsi tracciabili:

1. Oro artigianale appena estratto da miniere di piccole dimensioni che partecipano ai programmi dell'Associazione svizzera per l'oro migliore (SBGA), Fairmined and Fairtrade, garantendo così alti livelli o standard sociali e ambientali;

2. Oro riciclato acquistato attraverso il Responsible Jewellery Council (RJC) Chain of Custody gold e la partnership di Chopard con le raffinerie certificate RJC. Al fine di aumentare ulteriormente il suo contributo allo sviluppo e all'empowerment sociale ed economico dei piccoli minatori artigianali di oro, nonché di contribuire ad aumentare i volumi di oro eticamente estratto, nel 2017 Chopard ha aderito alla Swiss Better Gold Association (SBGA), una rete pionieristica di industria, finanza e altri

fornitori di servizi a sostegno della creazione di catene di valore dell'oro responsabili dalla miniera al mercato.

La visione di Chopard è quella di aumentare la percentuale di oro artigianale proveniente dalla Maison man mano che l'oro diventa più facilmente disponibile sul mercato. Oggi, Chopard è il più grande acquirente di oro Fairmined.

Alla base del successo di Chopard c'è l'impegno della famiglia Scheufele a sviluppare, nel corso di 30 anni, la sua produzione interna verticalmente integrata. Questo impegno ha visto la Maison investire e padroneggiare, coltivare e preservare i mestieri essenziali per il business dell'orologeria e della gioielleria, dalla creazione di una fonderia d'oro interna già nel 1978, alle preziose competenze degli artigiani dell'alta gioielleria e degli esperti orologiai.

Alla frontiera della tradizione e dell'innovazione, oggi gli orologi e i gioielli di Chopard sono prodotti internamente, il che significa che la Maison è in una posizione unica per poter garantire il controllo di tutti i processi di produzione.

Fig. 4.6   **AGENDA 2030 and the Objectives for Sustainable Development**

4.7 Andamento della diffusione del Lean Six Sigma in Italia: Il Programma Nazionale Lean for Green

Il programma nazionale Lean for Green fornisce una varietà di servizi per promuovere la diffusione dell'efficienza dei processi e favorire una cultura del miglioramento continuo tra le Camere di Commercio e le diverse Industrie. Visita il sito web Lean for Green all'indirizzo **www.leanforgreen.eu** oppure il sito web all'indirizzo **www.leanforgreen.it** per ulteriori informazioni, tra le quali:

- Casi di studio, storie di successo e risultati di progetti
- Materiali e risorse per la formazione
- Informazioni sull'attività Lean Six Sigma
- Enviromental and Sustainability Awards

Fig. 4.7   **Lean In Finance Become Green**

4.8 Manifesto della Sostenibilità per la Moda Italiana. Promosso da Camera Nazionale della Moda Italiana

Il Manifesto della Sostenibilità per la Moda Italiana è un buon vademecum per capire dove poter applicare i progetti di miglioramento Lean Six Sigma nelle varie parti dell'azienda.
L'obiettivo dei seguenti punti di attenzione è quello di tracciare una via italiana alla moda responsabile e sostenibile e di favorire l'adozione di modelli di gestione responsabile lungo tutta la catena del valore a vantaggio del sistema Paese.
Questi punti interpretano le sfide globali della sostenibilità, definendo azioni concrete e distintive in grado di guidare le imprese italiane a cogliere le opportunità offerte da una maggiore attenzione agli aspetti ambientali e sociali e, al contempo, assistere le imprese stesse a gestire al meglio i rischi di reputazione e i rischi operativi.

I punti sono organizzati per fasi della catena del valore e per ciascun tema sono stati identificati alcuni tags che costituiscono riferimenti per l'approfondimento degli strumenti e metodi Lean Six Sigma, più rilevanti.

DESIGN. Disegna prodotti di qualità che possano durare a lungo e minimizzino gli impatti sugli ecosistemi
Tags: Innovation, Design for Six Sigma, Agile, Project Management, Design to Cost, Robust Design, Enviromental Design, New Product Introduction.

SCELTA DELLE MATERIE PRIME. Utilizza materie prime ad alto valore ambientale e sociale
Tags: Supply Chain Excellence, Supplier Qualification Process.

LAVORAZIONE DELLE MATERIE PRIME E PRODUZIONE: riduci gli impatti ambientali e sociali delle attività e riconosci il contributo di ognuno al valore del prodotto
Tags: DMAIC, DMADV, PDCA, Value Stream Map, Kaizen, Advanced Operation.

DISTRIBUZIONE, MARKETING E VENDITA
Tags: Green Supply Chain, Sales Operation, Know Your Client, Innovation.

SISTEMI DI GESTIONE: Impegnati verso il miglioramento continuo delle prestazioni aziendali
Tags: Continuous Improvement, PDCA, 5S, Visual Management, DMAIC, Kizen, Operational Excellence Academy, Lean Six Sigma Academy.

ETICA D'IMPRESA: Integra i valori universali nel tuo marchio
Tags: Talent Academy, Lean Six Sigma Certification, Innovation Certification, ESG Certification.

TRASPARENZA: Comunica agli stakeholder in modo trasparente il tuo impegno per la sostenibilità
Tags: Global Reporting Initiative, Corporate Reporting Balance Sheet, Sustainability Balance Sheet.

**EDUCAZIONE: Promuovi l'etica e la sostenibilità presso i consumatori e tutti gli
altri interlocutori**
Tags: Change Management, Lean for Green Certification, ESG Certification, Lean in Finance and Lean for Green Networks.

4.9 Come il Lean Six Sigma Aiuta a Migliorare il Bilancio Finanziario e di Sostenibilità dell'Azienda

Questo libro è una risorsa per aiutare le aziende di servizi e di produzione a comprendere e selezionare metriche a supporto dell'implementazione di Lean e Six Sigma, due metodi potenti e collaudati per migliorare le prestazioni organizzative. Le metriche sono la pietra miliare degli sforzi di miglioramento Lean e Six Sigma di successo. Se utilizzate in modo efficace, le metriche possono essere potenti meccanismi per aiutare le organizzazioni a raggiungere, valutare e comunicare i risultati. Sia il Lean che il Six Sigma pongono una forte enfasi sulla misurazione, valutazione e comunicazione dei risultati di performance. In questo contesto, le metriche consentono alle organizzazioni che utilizzano il Lean ed il Six Sigma a:
- Identificare il valore per i clienti ed aggredire la giusta

problematica.
- Comprendere e comunicare i risultati ed i benefici degli eventi Kaizen o dei progetti Lean Six Sigma.
- Valutare i potenziali miglioramenti del processo e selezionare le azioni appropriate per l'attuazione.
- Stabilire le linee guida per le prestazioni del processo e tenere traccia dei progressi nel tempo.
- Informare e monitorare le attività per implementare il Lean ed il Six Sigma in tutta l'organizzazione.

Questo libro esplora tre grandi categorie di metriche rilevanti per il Lean e Six Sigma: le metriche chiave, le metriche di processo e le metriche organizzative.
Le metriche di processo si riferiscono ad un processo o programma specifico e forniscono informazioni sugli attributi specifici del processo quali tempi, costi, qualità, rischio, soddisfazione del cliente e complessità del processo. Le metriche organizzative affrontano le caratteristiche dell'organizzazione in senso lato, fornendo informazioni sullo stato di implementazione e sul morale della Accademia Lean Six Sigma aziendale.
Le metriche chiave si riferiscono a caratteristiche direttamente collegate al bilancio finanziario oppure al bilancio di sostenibilità.
È importante ricordare che le metriche Lean e Six Sigma discusse in questo libro dovrebbero in definitiva supportare i progressi verso il raggiungimento della missione di protezione della salute umana e dell'ambiente.

In Fig. 4.8 e Fig. 4.9 sono illustrati esempi di metriche chiave sviluppate a partire dal bilancio finanziario.
L'approccio è ancorato alla capacità di collegare efficacemente le leve funzionali operative con l'agenda degli Executive.

Fig. 4.8 Link Operational Functional Levers with the Executive Agenda

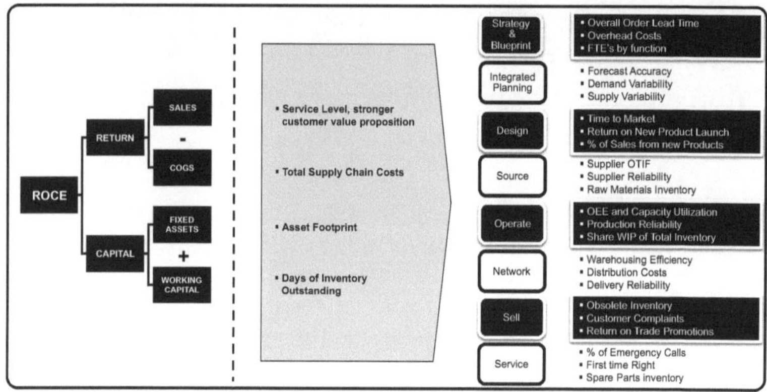

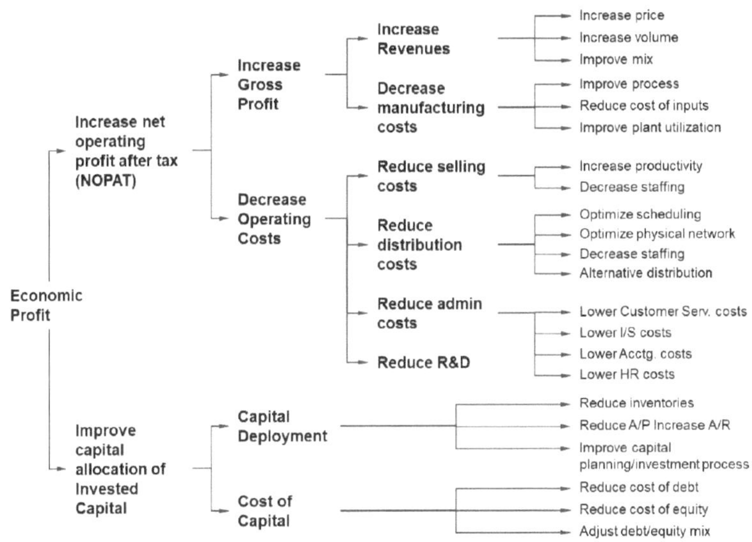

L'ampio lavoro Lean Six Sigma nei topics indicati nel Value Tree indicato nelle figure 4.8 e 4.9, hanno fornito un valore economico significativo.

In Fig. 4.10 un esempio di sintesi dei risultati finanziari.

Fig. 4.10 Financial Results

<table>
<tr><td rowspan="2">Financial Results</td><td>Revenue/Growth</td><td>Cost Reduction</td><td>Cash Flow & Margin</td></tr>
</table>

Enterprise View	
Performance Improvement	**Typical Benefits**
Production Throughput Increases	15 – 40%
Salaried Labor Reduction	15 – 25%
Hourly Labor Productivity	20 – 35%
Overtime Reduction	40 – 60%
Inventory Reduction	20 – 50%
MRO Purchase Price Reduction	5 – 10%
Freight Cost Reduction	5 – 20%
Raw Material Yield Increases	Up to 5%
Energy Reductions	5 – 15%
Capital Expense Reduction	10 – 30%
Customer Service Levels	Increase OTIF; Improve Quality; Reduce Complaints
Sales Force Effectiveness	Increase Sales; Increase Sales Margins
New product Introduction Effectiveness	Reduce Time to Market 40 – 60%; Improve Product Portfolio
IT / ERP Utilization	Enhance Management Analysis & Reporting; Integrate Systems
Health Safety & Environment	Reduction in Reportables and Releases

Synergy View	
Integration Opportunity	**Typical Benefits**
Shared Services Support Labor Rationalization (EHS, Procurement, Supply Chain, Customer Service, Etc)	25 – 40%
Indirect Admin Labor Rationalization (Finance, Accounting, HR, Legal, IT, Etc)	15 – 25%
Sales & Marketing Effectiveness (Commercial Functions, promotions, Etc)	5 – 10%
Technology Development Prioritization (R&D, Licensing, Etc)	20 – 40%
Sourcing & Purchasing Leverage (Raw Materials, Vendor Terms, Etc)	Up to 10%
Production operations Footprint Rationalization (SKU Consolidation, Production Relocation, Etc)	15 – 30%
Distribution Footprint Rationalization (Transportation Fleet, Warehousing Facilities, Etc)	15 – 20%
Inventory Reduction (Materials, MRO Parts and Spares, Etc)	20 – 40%
Capital Investment Prioritization (Production Capacity Enhancements, Facility Maintenance, Etc)	15 – 30%

4.10 Una Metrica Chiave relativa alla Sostenibilità: "ESG"

In questo paragrafo esaminiamo una metrica chiave nata nel 2019 e relativa alla sostenibilità.

Negli ultimi anni anche il mondo finanziario è stato influenzato da un enorme cambiamento negli scopi e nel valore; non si può più prescindere da un contesto globale che richiede sempre maggiore attenzione alla corretta gestione delle risorse del pianeta. Cresce sempre più il numero degli investitori interessati non solo ai rendimenti, ma anche a risultati di impatto sociale, ambientale ed etico dei loro investimenti. I cambiamenti climatici, l'aumento demografico, la scarsità di risorse, le numerose sfide sociali, ma anche il quadro normativo che richiede maggiore trasparenza, avranno un impatto crescente sulle politiche aziendali e sui modelli di business adottati localmente dall' Unione Europea e Globale.

Combinando la crescita del capitale e la sostenibilità è possibile. È necessario mettere a punto buone strategie di investimento socialmente responsabili volte a integrare l'analisi economica e finanziaria con l'analisi sociale ed etica, al fine di creare un valore aggiunto per l'investitore e per l'azienda nel suo complesso.

4.11 Il significato di ESG

L'acronimo ESG (Environment, Social, Governance)
indica i criteri non finanziari che misurano l'impatto
ambientale (E), il rispetto dei valori sociali (S) e gli aspetti
di buona gestione (G). Questi tre criteri sono parte
integrante della strategia di investimento responsabile e
sono uno strumento in grado di aumentarne il valore nel
lungo periodo.

AMBIENTE
Cosa significa adottare il criterio ambientale? La lettera E
(Enviroment) indica il primo pilastro, l'ambiente e
comprende questioni come il cambiamento climatico, la
deforestazione, l'inquinamento dell'aria e dell'acqua, l'uso
del suolo e la perdita di biodiversità. Parallelamente alla
ricerca delle prestazioni, per la prima volta esiste una
metrica che tiene conto dell'impatto delle attività aziendali
sull'ambiente (efficienza energetica, emissioni di gas serra,
gestione delle risorse e dei rifiuti, etc.) e della capacità delle
imprese di offrire prodotti e servizi in grado di rispondere
alle sfide climatiche e ambientali.

SOCIALE
Cosa significa adottare il criterio sociale?
La lettera S (sociale) include aspetti relativi alle politiche di
genere, ai diritti umani, agli standard lavorativi e al rapporto
tra le due parti sociali e la comunità civile. Questa metrica
pesa l'impatto delle attività aziendali sui dipendenti, sui
clienti, sui fornitori e sulla gestione del rapporto con la
società civile. Questioni sociali come la sicurezza sul lavoro,
la salute pubblica e della comunità locale, la distribuzione
del reddito e la sicurezza dei prodotti sono sempre più al
centro dell'attenzione pubblica in termini di responsabilità

sociale d'impresa.

GOVERNANCE

La sfera del terzo fattore è la sensibilità sociale, la lettera G (Governance) comprende aspetti quali l'indipendenza del consiglio di amministrazione, i diritti degli azionisti, la remunerazione del management, le procedure e le pratiche di controllo contrarie ai principi della libera concorrenza e del rispetto della legge.
Che cosa significa adottare il criterio della governance?
Significa analizzare il valore aggiunto generato dalle società che incoraggiano l'adozione di buone pratiche di governance.

Le società che ottengono un elevato punteggio ESG sono molto apprezzate dalla Borsa o dai grandi fondi di investimento perchè queste società sono sostenibili nel lungo termine con un basso rischio di variabilità di orientamento e cambiamento del mercato per merito del loro pensiero verde.

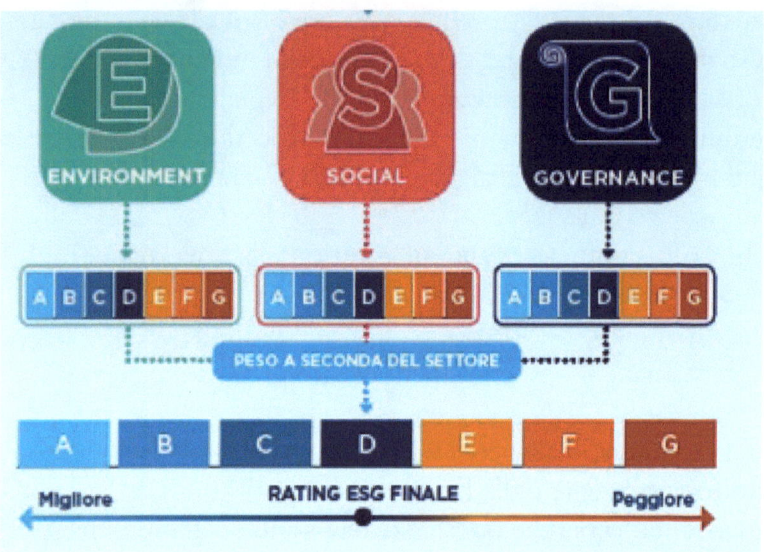

Questo nuovo concetto di metrica ESG combina e rafforza le azioni dei progetti Lean Six Sigma per migliorare il posizionamento dell'azienda nella matrice di materialità nel Bilancio Sostenibile. In Fig 4.12 è riportato un esempio di come i progetti Lean Six Sigma hanno migliorato questo indice portandolo da un posizionamento basso a sinistra verso un posizionamento in alto a destra dopo solamente un anno di lavoro in un istituto finanziario europeo di primo piano.

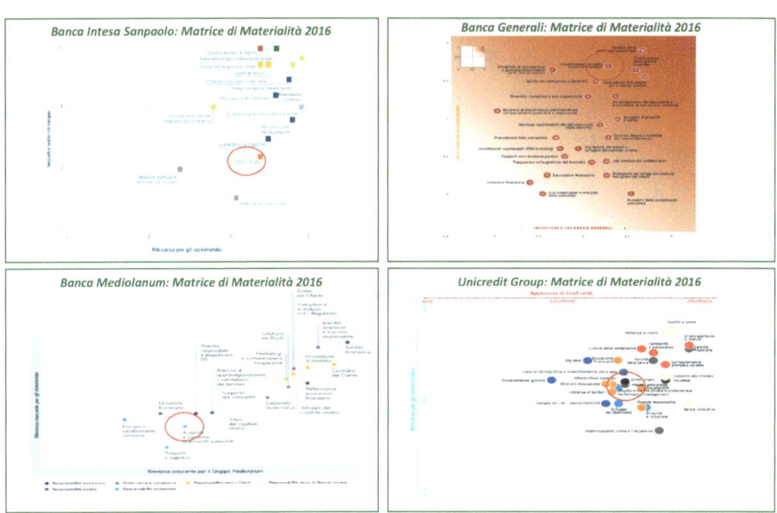

4.12 Metriche di Processo

Sono metriche che riguardano un processo o un
programma specifico che consentono di ottenere, valutare
e comunicare risultati di miglioramento del processo in
modo convincente. Le metriche del processo Lean Six
Sigma supportano diversi obiettivi, tra cui:
- Misurare gli sprechi (attività non a valore aggiunto) nei
processi (ad esempio, confrontando il tempo di lavorazione
o il tempo a valore aggiunto con il tempo totale di
produzione di un prodotto o di un servizio, compreso il
tempo di inattività).
- Informare circa la selezione di specifiche azioni di

miglioramento del processo
- Valutazione dei progressi compiuti per eliminare gli
sprechi e dei benefici dei progetti Lean e Six Sigma (ad
esempio, risparmi sui costi, riduzione delle fasi del processo
e quindi semplificazione, riduzione del rischio, riduzione
dei tempi di consegna, ecc.)
- Valutazione delle prestazioni complessive di un processo
(es. soddisfazione del cliente, percentuale di prodotti
consegnati in tempo, efficienza, produttività, ecc.)

È possibile utilizzare le metriche del processo Lean per
rispondere ai seguenti tipi di domande:

- Metriche del tempo: Quanto tempo ci vuole per
  produrre un prodotto o fornire un servizio? Quanto
  di questo tempo è di processo e quanto è a valore
  aggiunto.

- Metriche dei costi: Quanto costa il processo
  operativo e la lavorazione (ad esempio, il costo del
  prodotto o del servizio nelle varie fasi della
  lavorazione)? Quali risparmi sui costi ha identificato
  il team nell'evento Lean?

- Metriche di qualità: Quante volte il processo porta a
  errori (ad esempio, moduli incompleti o imprecisi o
  qualità degli input) che richiedono una
  rielaborazione? Come vedono i clienti il processo?

- Metriche di output: Quanti volumi di
  prodotti/servizi vengono completati o elaborati
  ogni mese o anno? Quali arretrati esistono nel
  processo?

- Metriche di complessità del processo: Quante fasi
  del processo? Quante volte un documento viene
  distribuito tra individui, uffici o reparti durante il
  processo?

- Metriche di conoscenza del cliente: per migliorare i processi di vendita, fare business intelligence e per fare innovazione con il Design for Six Sigma o l'analisi dei Big Data.

E' importante notare che alcuni tipi di metriche saranno probabilmente di maggiore interesse per alcune industrie, anche se tutte queste tipologie sono utili per comprendere le varie dimensioni che influenzano le prestazioni del processo "La voce del processo" e i risultati "La voce del cliente".

Per esempio:

- I tempi di consegna, la soddisfazione del cliente e altre misure della qualità del prodotto o del servizio possono essere di particolare interesse per i "clienti" chiave, coloro che ricevono e/o traggono beneficio dagli output e dai risultati del processo (Voce del Cliente).
- Altri parametri di processo, come quelli relativi alla complessità e all'efficienza del processo, possono essere di particolare interesse per il pubblico interno, come i responsabili del processo (Voce del Business).

Il problema è che spesso la Voce del Cliente e la Voce del Business sono disallineate e quindi l'esigenza di avvicinarle con i progetti Lean Six Sigma. In Figura 4.13 un esempio.

Fig. 4.13 **Contrasting Views**

	Customer	Supplier
Definition of Quality	No errors	Conformance to Specification
Cost	Cost of use over the entire period including: • Initial cost • Annual fees • Charges, etc. • Entire period	Cost of: • Marketing • Sales • Promotions
Responsibility for customer service	For the entire period	Until transaction complete

4.13 Considerazioni Speciali sulle Metriche del Tempo

I metodi Lean prestano particolare attenzione ai vari aspetti del tempo di processo. Esaminando come il tempo viene speso all'interno di un processo, si possono trovare importanti indizi che rivelano sprechi (attività non a valore aggiunto) e opportunità di miglioramento. Tenete a mente le seguenti considerazioni sulla misurazione del tempo:

- Il lead time è maggiore del tempo totale di lavorazione, che è maggiore del tempo a valore aggiunto. Un obiettivo comune delle iniziative Lean è quello di ridurre i lead time e il tempo totale di lavorazione per essere più vicini al tempo a valore aggiunto.

- In alcuni casi può anche avere senso aumentare il tempo a valore aggiunto (ad esempio, per migliorare la qualità o la relazione cliente) e contemporaneamente ridurre il lead time complessivo e i tempi di lavorazione. A questo punto può essere interessante discutere di automazione e

digitalizzazione dei processi o di introduzione di Robot Process Automation (RPA), se c'è un budget disponibile.
- Nel contesto produttivo, è relativamente facile determinare la parte di tempo che è valore aggiunto quando i lavoratori o le macchine trasformano fisicamente il prodotto o il servizio sia nella forma che nella funzione, in un modo che il cliente è disposto a pagare. Nei processi amministrativi, può essere più difficile delineare quale parte del tempo è veramente a valore aggiunto, dal punto di vista del cliente. Ad esempio, solo una parte del tempo in cui il personale esamina un'applicazione di servizio e redige un risultato è probabile che sia un valore aggiunto, mentre il tempo rimanente potrebbe essere a valore aggiunto solo per l'azienda (ad esempio, verificare la conformità).
- Alcune pubblicazioni Lean office suggeriscono di utilizzare il "tempo di elaborazione" (chiamato anche "touch time") come metrica alternativa al "tempo a valore aggiunto", poiché il tempo di elaborazione è più facile da misurare. Il rapporto di attività (rapporto tra il tempo di elaborazione e il lead time) diventa quindi il parametro sostitutivo della percentuale di valore aggiunto (rapporto tra il tempo di creazione del valore aggiunto ed il lead time).

4.14 Metriche Organizzative Lean Six Sigma

Le metriche organizzative sono metriche che affrontano argomenti come il livello di implementazione del Lean Six Sigma e il morale a livello organizzativo aiutando la Lean Six Sigma Corporate Academy a sostenere ed espandere i risultati che contribuiscono alla capacità dell'azienda di adempiere alla sua missione. Le metriche Organizzative

Lean Six Sigma supportano un obiettivo chiave:

- Informare e monitorare le attività per implementare il Lean e il Six Sigma in tutta l'organizzazione.

Le metriche organizzative possono aiutare a rispondere ai seguenti tipi di domande:

- Metriche di deployment e diffusione: Quanti eventi Lean, Kaizen o progetti Lean Six Sigma sono stati completati quest'anno? Quanti dipendenti hanno partecipato ai corsi di formazione Lean Six Sigma? Quanti Yellow Belt, Green Belt, Black Belt, Master Black, Lean Leader, Champions, ecc.

- Metriche di morale: Quanto sono soddisfatti i dipendenti con una metrica selezionata per la quale è relativamente facile raccogliere dati sulle prestazioni; non basarsi su stime o ipotesi. In alcuni casi, potrebbe essere necessario impostare un sistema per la raccolta di input, come ad esempio un sondaggio sulla soddisfazione del cliente o la voce dei dipendenti.

Fig. 4.14   **Summary of Lean Six Sigma Organizational Assessment**

4.15 Come Selezionare le Metriche Lean Six Sigma

Questo libro presenta un menù di opzioni per le metriche Lean Six Sigma, inclusi esempi di metriche che i progetti ambientali hanno utilizzato nelle iniziative Lean e Six Sigma. Non tutte queste metriche possono essere rilevanti e utili per il vostro progetto o organizzazione, tuttavia è importante scegliere metriche che abbiano senso per gli obiettivi generali e gli obiettivi della vostra azienda. Si suggerisce di prendere in considerazione queste linee guida quando si selezionano le metriche:

- Determinare lo scopo delle metriche. Le misure possono guidare il comportamento e focalizzare l'attenzione in modo efficace. Di conseguenza, è importante pensare a comportamenti che possono essere incoraggiati dall'uso di metriche specifiche. Nel selezionare le metriche, considerare domande come:

- Qual è lo scopo della metrica? Quali aspetti del processo stiamo cercando di migliorare? Quali sprechi stiamo cercando di eliminare? Quali comportamenti stiamo cercando di rafforzare?

- Chi sono i clienti per la metrica?

- Come useremo i dati e le misure?

- Usate solo alcune metriche per categoria. Avere troppe metriche diluisce il focus dei progetti di miglioramento e può creare lavoro inutile.

- Utilizzare solo le metriche più appropriate. Chiedete se c'è qualcosa di importante in un processo target relativo a ciascuna categoria di metriche di processo e non preoccupatevi se la risposta è "no".

Considerate anche quali metriche sarebbero utili da valutare in tutta l'azienda, a seconda dello stato generale e degli obiettivi dell'iniziativa Lean Six Sigma.

- Concentrarsi sui bisogni e il valore per il clente e per la leadership. Mentre una serie di metriche può mostrare i miglioramenti apportati durante gli eventi Lean (ad esempio, la riduzione del numero di fasi del processo), solo poche metriche contano per i clienti, compreso il tempo necessario per ricevere un servizio o un prodotto (lead time) e la qualità del servizio o del prodotto. Assicuratevi di includere alcune metriche che riflettono gli interessi chiave dei clienti, insieme a metriche che risuonano per la leadership aziendale e supportano gli obiettivi strategici del CEO.

- Coinvolgere gli utenti dei dati nella progettazione delle metriche. È importante coinvolgere persone che hanno familiarità con il processo nella progettazione delle metriche e nello sviluppo di un sistema di raccolta e reporting dei dati di performance. Senza consultare i dipendenti in prima linea, l'azienda rischia di scegliere metriche che sono poco comprese, irrilevanti o utilizzate in modo incoerente dalle persone che svolgono il lavoro.

Un quadro di riferimento ampiamente utilizzato per la scelta delle metriche è il modello "SMART": le metriche devono essere semplici, misurabili, attivabili, rilevanti e tempestive. Questo quadro di riferimento include le seguenti considerazioni:

- Semplice: Assicuratevi che le metriche siano trasparenti e abbastanza semplici da essere facilmente comprensibili da tutti i membri dell'azienda. Le metriche dovrebbero anche essere difficili da ingannare (ad esempio, evitare situazioni in cui le persone potrebbero mostrare risultati anche quando nulla è cambiato).

- Misurabile: Selezionare metriche per le quali è relativamente facile raccogliere dati sulle prestazioni; non fare affidamento su stime o ipotesi. In alcuni casi, potrebbe essere necessario impostare un sistema per la raccolta di input, come ad esempio un sondaggio sulla soddisfazione del cliente o la voce dei dipendenti.

- Attivabili: Le metriche dovrebbero fornire informazioni che i manager e il personale possono utilizzare per intraprendere azioni volte a migliorare le operazioni e per risultati di eccellenza.

- Rilevante: Come spesso si afferma, ciò che si misura è ciò che conta e viene gestito. Selezionare metriche che supportano gli obiettivi strategici dell'azienda e che si riferiscono specificamente al processo o al compito in questione. Per i progetti Lean Six Sigma questo significa spesso utilizzare metriche che corrispondono agli otto "sprechi" previsti dal Lean (difetti, sovrapproduzione, trasporto, movimento, inventario, sovraelaborazione, attesa, intelligenza), si veda la Fig. 4.15.

- Tempestiva: Considerare il modello "just-in-time" per le metriche fornisce le informazioni giuste alle persone giuste quando ne hanno bisogno per prendere decisioni.

<u>Wastes</u>	The simple explanation…
Defects	It just doesn't meet expectations
Overproduction	Doing more than you need to – Output of a process
Transportation	Shipping stuff to different locations
Waiting	Things just don't happen when they should
Inventory	Keeping stuff on-hand when it isn't required
Motion	Excess movement- person/material – Within a process
Processing	Doing more than you need to – Within a process
Intelligence	Not including the input of those people most directly involved in the process

5. Lean Event Scoping

Questo capitolo sull'ambito di applicazione di eventi Lean
è una risorsa per aiutare a selezionare e definire l'ambito e
per creare eventi Lean di successo.
Questa parte presuppone che il lettore abbia familiarità con
l'applicazione dei metodi Lean ai processi aziendali. Il Lean
consente di lavorare in modo più efficace ed efficiente per
proteggere la salute umana e l'ambiente, identificando ed
eliminando gli sprechi nei processi aziendali. Sia che la
vostra organizzazione abbia condotto eventi Lean in
passato o stia iniziando a pianificare il suo primo evento,
questo libro offre consigli pratici per la pianificazione di un
evento Lean.

5.1 Sviluppo di un Evento Lean

La definizione di un ambito di aplicazione si riferisce al
processo di lavoro che coinvolge attività e fasi specifiche
che viene affrontato in un evento Lean. In ogni
organizzazione ci sono tipicamente numerosi processi che
sono progettati per fornire uno specifico prodotto, servizio
o risultato con caratteristiche e funzioni specifiche.
Tuttavia, tali processi hanno spesso confini sfumati nel

mondo reale. I processi si sovrappongono, si interconnettono e sono integrati l'uno nell'altro. Alcuni processi dipendono dagli output di altri processi, altri processi condividono fasi o risorse, comprese le persone e le attrezzature. Lo scopo di un evento Lean definisce la parte (o le parti) specifica di un processo dove un team concentrerà la sua attenzione, inclusi i suoi punti di inizio e fine.

5.2 Perché ha importanza la Fase di Sviluppo

Le iniziative Lean Six Sigma spesso hanno successo o falliscono sulla base della capacità di un'organizzazione di organizzare eventi Lean in modo efficace. Una definizione inadeguata non solo limita la capacità di un team di raggiungere i propri obiettivi, ma può anche compromettere il supporto per le attività di miglioramento futuro. La posta in gioco è alta. Quante volte abbiamo sentito dire: "ci abbiamo provato prima e non ha funzionato, non lo faremo di nuovo"? Il disaccordo o la confusione sulla portata di un evento può anche rendere difficile creare un'atmosfera di fiducia in un evento Lean. Quindi, cosa succede quando gli eventi Lean non sono ben definiti?

- Ambito e scopo poco chiaro. I team passano troppo tempo a cercare di concordare su cosa si concentreranno nel loro evento, limitando il tempo prezioso per scoprire e affrontare le opportunità di spreco e di miglioramento. I conflitti possono emergere mentre i membri del team discutono prospettive divergenti sullo scopo dell'evento e su dove i confini del lavoro del team iniziano e finiscono.

- Portata troppo ampia. I team hanno difficoltà a fare progressi significativi perché c'è troppo da discutere. La mappatura dell'intero processo attuale consuma la maggior parte dell'evento, lasciando poco tempo per concentrarsi sul processo futuro desiderato. I team raramente hanno tempo per identificare i problemi, sviluppare opzioni di soluzione, selezionare le soluzioni e concordare i passi successivi, il che significa che il percorso di implementazione è spesso poco chiaro quando i membri del team tornano al lavoro. I team possono impantanarsi nella complessità. I risultati sono scarsi e c'è ancora molto lavoro da fare per sviluppare un percorso chiaro per l'implementazione.

- Portata troppo ristretta. I team sprecano tempo e risorse che potrebbero essere destinate ad attività di miglioramento più ampie. Un'attenzione troppo ristretta può impedire ad un team di cogliere opportunità o implicazioni a monte o a valle, oscurando la comprensione della customer experience in una logica più grande end to end. I risultati possono essere significativi in aree isolate, ma i cambiamenti di processo possono disturbare le prestazioni complessive del processo o altre parti non incluse nell'ambito di applicazione. Una definizione dell'ambito di applicazione efficace è fondamentale per il successo degli eventi Lean. Questo capitolo discute i passi pratici ed i suggerimenti per la definizione di eventi Lean di successo.

5.3 Gestione delle aspettative relative all'ambito di applicazione

Prima di esplorare passi specifici e considerazioni relative agli eventi Lean è importante riconoscere la connessione tra scopo e aspettative. La portata di un evento Lean influenza direttamente i risultati che possono essere raggiunti dall'evento. Sponsor di progetto, facilitatori e partecipanti possono calibrare le loro aspettative discutendo esplicitamente i tipi di risultati che sono realistici nell'ambito dei vari scopi dell'evento. In molti casi, l'entità e la complessità del processo di miglioramento che si cerca di ottenere andrà al di là di quello che può essere pienamente affrontato in un singolo evento Lean. Riconoscendo questo onestamente, i manager e i team possono impostare i loro eventi Lean per ottenere rapidi progressi nel contesto di una più ampia strategia di miglioramento. Questo capitolo vi aiuterà a considerare la portata dell'evento nel contesto di aspettative, risultati e strategie di miglioramento più ampie. La sezione successiva discute i passi e le considerazioni per la selezione di un progetto di miglioramento Lean Six Sigma.

5.4 Selezione di un Progetto di Miglioramento Lean Six Sigma

La prima fase della pianificazione di un evento Lean Six Sigma consiste nel selezionare un processo da migliorare. Questo passo importante dovrebbe avere luogo prima della riunione di definizione dello scopo "pre-evento" che di solito si tiene da tre a sei settimane prima dell'evento. Ci sono tre fasi chiave per selezionare un progetto di miglioramento.

Fase 1: Elencare i potenziali processi critici dell'azienda

La selezione di un processo da puntare in un evento Lean

Six Sigma è tipicamente guidata sia dalla strategia "Top Down" o dalle problematiche percepite"Bottom Up" (o entrambi). I problemi possono includere arretrati, colli di bottiglia, reclami, vincoli di finanziamento o problemi di qualità e di performance. Per ogni processo aggiunto alla lista dei potenziali candidati per un progetto Lean Six Sigma, cercare di identificare lo scopo di alto livello (logica end to end) di un potenziale progetto di miglioramento (ad esempio, ridurre i lead time, migliorare la qualità o eliminare le rilavorazioni per il cliente finale). Questi processi con esigenze di miglioramento di alto livello formano l'universo dei potenziali progetti Lean Six Sigma da considerare.

Fase 2: Valutare la desiderabilità del progetto

Il passo successivo nella selezione dei progetti è quello di valutare i processi considerati per il miglioramento per determinare se funzionano bene in un evento Lean. Un modo efficiente per valutare l'auspicabilità del progetto è quello di valutare qualitativamente (alto, medio e basso) ogni processo identificato nella fase 1 secondo i seguenti tre criteri:

- **Valore per l'organizzazione.** Si riferisce all'effetto che i potenziali miglioramenti del processo avranno probabilmente sull'organizzazione o sui suoi stakeholder. Il valore potrebbe essere considerato in termini di risultati ambientali, qualità del servizio, o costo-efficacia degli investimenti a bilancio.
È importante considerare che il miglioramento di processi di grande volume e bassa variabilità può avere un valore significativo per un'organizzazione poiché i risultati potenziali sono realizzati ogni volta che il processo viene

utilizzato.

Mentre alcuni processi a basso volume e ad alta variabilità
(ad esempio, processi di transizione della leadership,
processi di pianificazione periodica, ecc.) possono essere
importanti per un'organizzazione ma il valore cumulativo
dei potenziali miglioramenti può non essere così alto. Per
esempio, la riduzione dei tempi di autorizzazione può
essere di valore medio-alto.

- Sforzo richieste. Si riferisce alla quantità di tempo e
risorse che probabilmente dovranno essere dedicate
all'evento Lean e alle attività di follow-up per realizzare il
valore. I processi che sono complessi (es. cambiando un
processo di pianificazione strategica organizzativa,
cambiamenti che influenzano interpretazioni normative,
guide, regole ecc....) e coinvolgono molti partecipanti o
organizzazioni possono richiedere un alto livello di sforzo,
mentre i processi che coinvolgono meno persone possono
richiedere un basso livello di sforzo. I processi che sono
ben stabiliti da anni di tradizione e conoscenza istituzionale
possono anche richiedere un alto livello di sforzo per il
cambiamento. Un altro fattore da considerare è se il
processo è politicamente sensibile e quindi può richiedere
comunicazioni significative e potenzialmente significative
con il pubblico ed i legislatori, oltre che con i dirigenti ed il
personale.

- Probabilità di successo. Si riferisce ad una riflessione
sui vari fattori di rischio che possono influenzare la
probabilità che i miglioramenti identificati siano
implementati con successo. I fattori che determinano una
bassa probabilità di successo possono includere:

- Progetti che probabilmente non mostreranno benefici per

più di un anno.
- Progetti che dipendono dal completamento di altri progetti rischiosi (ad esempio, modifiche necessarie attraverso processi normativi).
- Progetti che richiedono una sostanziale assistenza da parte di persone estremamente impegnate
- Progetti che non sono chiaramente allineati con le priorità strategiche e gli obiettivi dell'organizzazione.
- Correzioni di progetto che richiedono un grande investimento finanziario
- Progetti che richiedono grandi investimenti finanziari per implementare il cambiamento

Una volta che ogni progetto potenziale è stato valutato per ciascuno dei criteri di cui sopra, può essere tracciato su una matrice di desiderabilità del progetto.

Fig. 5.1   **Project Desiderability Matrix**

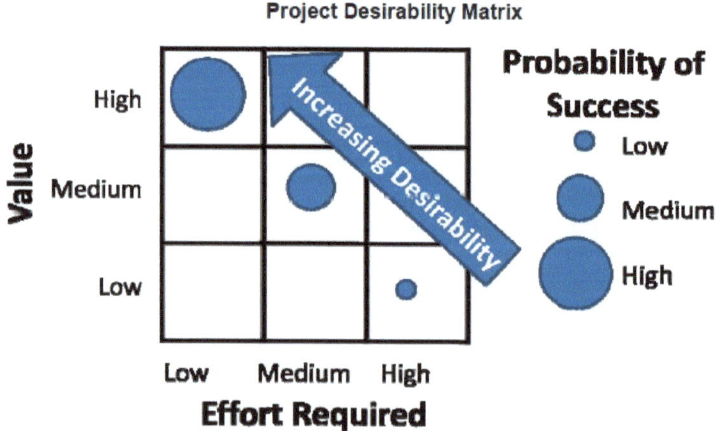

E' importante notare che l'azienda può scegliere di selezionare progetti Lean diversi da quelli che rientrano nella sezione più desiderabile della matrice di desiderabilità del progetto che è la sezione che rappresenta un alto valore, basso sforzo e alta probabilità di successo. Ci possono essere ragioni importanti per continuare con l'evento; tuttavia, è importante calibrare le aspettative di tutti sui tipi di risultati che ci si può ragionevolmente aspettare.

Fase 3: Esame del grado di preparazione del progetto

Successivamente, i progetti più desiderati dovrebbero essere esaminati per verificarne il grado di preparazione. Per valutare il grado di preparazione, considerare i seguenti fattori:

- **Presenza di un "Champion".** Se non c'è un individuo che supervisiona la conduzione di un evento Lean sul processo e motiva gli altri a cambiare (un "Champion"), allora è probabile che il progetto non sia un buon candidato al miglioramento.

- **Coinvolgimento dei Key Manager.** Se i Key Manager mostrano resistenza o opposizione a uno sforzo di miglioramento, può essere difficile andare avanti con l'implementazione dopo l'evento.

Molti manager ambientali con esperienza Lean e altri esperti professionisti Lean attestano che l'impegno della leadership è il singolo fattore più importante per il successo a lungo termine delle iniziative Lean Six Sigma. La sezione seguente discute i fattori da considerare quando si definisce la portata di un evento Lean. Si veda il paragrafo 5.7 per il ruolo dei Champion nelle iniziative di miglioramento del processo.

5.5 La "Regola dei Terzi"

La "regola dei terzi" fornisce una guida per strutturare il Lean Team. Includere:

- 1/3 dei partecipanti che lavorano direttamente nel processo.
- 1/3 dei partecipanti che gestiscono o supervisionano il processo
- 1/3 dei partecipanti che non sono direttamente coinvolti nel processo (es. persone di altri uffici, del commerciale, stakeholder esterni, clienti).

5.6 Sviluppare la Project Charter

La project charter per un evento Lean è uno dei documenti più importanti per garantire il successo del processo di miglioramento. Il Lean event charter definisce lo scopo, gli obiettivi e gli obiettivi dell'evento, così come i partecipanti, la logistica delle riunioni e il lavoro che deve essere completato prima dell'evento. Il team Lean sviluppa la project charter durante la riunione o le riunioni precedenti l'evento, assicurando che i membri del team sviluppino una comprensione comune di ciò che il team vuole realizzare e di come sarà il successo. L'intero team Lean dovrebbe supportare gli elementi che decidono di includere nel project charter. Questo documento serve anche come base per le comunicazioni esterne sull'evento, insieme alla presentazione del rapporto sull'evento. Nella Fig. 5.2 è illustrato un esempio della project charter che mostra gli elementi chiave quali ambito, obiettivi, partecipanti, vincoli e logistica dell'evento.

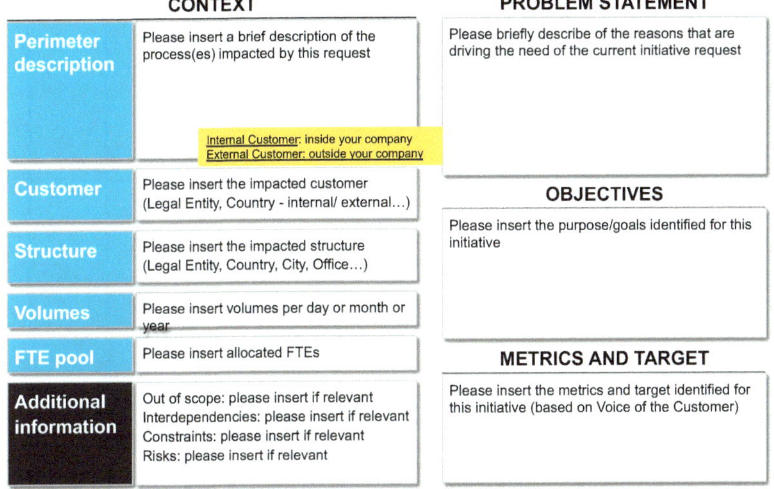

Un ambito attentamente selezionato, chiaramente definito
e ben documentato è essenziale per il successo degli eventi
di miglioramento del processo Lean. E' importante che gli
sforzi Lean possano iniziare con la giusta partenza
attraverso una selezione intelligente dei progetti,
focalizzando l'ambito del progetto per garantire il successo
e sviluppando delle project charter che definiscano
chiaramente le aspettative per l'evento.

Si prega di visitare il sito web Lean for Green per scaricare
il file del modello di project charter all'indirizzo
www.leanforgreen.it

5.7 Eccellenza nei Processi e Leadership: il Ruolo del Leader nelle iniziative di Miglioramento del Processo

"L'impegno e il supporto della leadership" è fondamentale per il successo delle iniziative di miglioramento dei processi. Ma cosa significa questo? Qui ci sono otto passi che i leader possono compiere per sostenere gli sforzi di miglioramento del processo Lean.

1. Scegliere dove concentrare gli sforzi di miglioramento.

I leader sono fondamentali nel definire un programma di cambiamento e per identificare i processi prioritari per il miglioramento. Richiedere il contributo del personale e dei clienti per identificare i processi che necessitano di attenzione e per valutare dove c'è il maggior potenziale di miglioramento. I processi selezionati come obiettivi per gli sforzi di miglioramento dovrebbero essere priorità strategiche con un "senso di urgenza" per il miglioramento.

2. Definire l'eccellenza dei processi e fissare obiettivi chiari.

Articolare una visione e degli obiettivi che descrivono ciò che, secondo voi, un processo eccellente dovrebbe realizzare. Fornire una chiara carica a tutti i livelli della direzione e dei membri del team di miglioramento dei processi per lavorare verso questa visione, assicurandosi che i vostri diretti riporti comprendano la visione e trasmettano messaggi coerenti al personale. Lavorare con i team Lean per fissare obiettivi specifici e un ambito gestibile per ogni evento Lean. Concentrarsi sulla definizione degli attributi necessari per il successo e consentire al team di sviluppare approcci efficienti ed efficaci per realizzarli.

3. Partecipare attivamente agli eventi di miglioramento dei processi.

Il coinvolgimento e l'impegno appassionato di leader e senior manager è il fattore più importante per il successo a lungo termine degli sforzi di miglioramento dei processi. Partecipare agli eventi di miglioramento dei processi nella loro interezza e invitare ulteriori senior leader alle presentazioni del report-out. Incoraggiare il personale a sollevare questioni che necessitano di essere risolte e ad affrontarle prontamente. Assicurare che tutti i partecipanti agli eventi Lean, compresi i delegati dei senior manager, siano autorizzati a prendere decisioni e impegni durante gli eventi.

4. Assegnare personale e risorse. Il miglioramento del processo richiede lavoro, ma i risultati possono essere trasformativi.

Dedicare tempo e denaro al personale per sostenere gli eventi di miglioramento e, in particolare, le attività di implementazione che continuano dopo gli eventi Lean per assicurare che il nuovo processo sia implementato come pianificato e che i miglioramenti di processo siano realizzati. Lavorare con i manager per assicurare che l'allocazione del tempo del personale e dei budget sia adeguata alla scala delle necessità.

5. Fornire un sostegno visibile agli sforzi di miglioramento dei processi.

Rendere chiaro alle persone della vostra organizzazione che sostenete fortemente gli sforzi di miglioramento dei processi, sia verbalmente che attraverso le vostre azioni.

Scrivere un promemoria allo staff per esprimere la vostra visione ed esprimere il vostro appassionato impegno in questi sforzi. Siate specifici sulla vostra visione, sulle vostre priorità per il miglioramento dei processi e su ciò che state facendo per sostenere i miglioramenti del Lean Six Sigma. Seguendo un evento di miglioramento, date l'esempio e implementate voi stessi il nuovo processo. Partecipare attivamente alle riunioni di follow-up dopo l'evento, come riunioni di follow-up di 30, 60 e 90 giorni, riconoscendo i progressi del team e rafforzando l'importanza di un'implementazione continua. Comunicare per iscritto l'esito delle riunioni perché è importante che tutti nell'organizzazione si impegnino a sostenere e utilizzare il nuovo processo.

6. Monitorare i progressi e responsabilizzare le persone. Identificare le metriche e le informazioni di cui avete bisogno per capire come funziona il processo. Richiedere che i manager e i team riportino in modo conciso le metriche e le informazioni sugli aspetti chiave del processo. Utilizzare una bacheca per monitorare visibilmente le prestazioni del processo "Gestione visiva delle prestazioni" e l'avanzamento dell'implementazione. Rivedere le metriche e le prestazioni del processo almeno una volta al mese o trimestralmente. Richiedere i report di stato ai manager. Discutere le prestazioni dei manager nel supportare specifici sforzi di miglioramento dei processi durante le loro revisioni delle prestazioni e come parte dei criteri utilizzati per le decisioni di retribuzione e promozione, se del caso (MBO) Management By Objective.

7. Chiarire e rimuovere gli ostacoli al successo dell'attuazione. Man mano che emergono nuove questioni e sfide, è facile perdere di vista l'attenzione sulle prestazioni e il miglioramento dei processi esistenti.

Creare del tempo durante gli incontri con i dirigenti e il personale per discutere le prestazioni dei processi di lavoro mirati agli sforzi di miglioramento (e non solo la questione o la crisi del giorno). Camminare regolarmente per l'ufficio per verificare con i dipendenti sul posto di lavoro e porre domande specifiche su come funziona il processo, quale supporto è necessario e quali sfide si stanno affrontando. Lavorare per rimuovere le barriere. Dove le barriere non possono essere rimosse, lavorare con i manager per calibrare gli obiettivi e le strategie per ottimizzare i risultati.

8. Riconoscere e celebrare i risultati ottenuti.

Più un leader riconosce i miglioramenti dei processi, più persone vorranno realizzarli. Riconoscere i risultati ottenuti durante le riunioni del personale, nelle newsletter e/o sui siti web aziendali interni o esterni. Consegnare certificati e premi Lean Six Sigma per riconoscere i risultati individuali e di squadra. Sostenere eventi, come feste o pranzi, per celebrare il raggiungimento di obiettivi o importanti traguardi con il cliente. Siate generosi di lode quando è meritato. Raccomandiamo vivamente i seguenti suggerimenti:

- Organizzare un giornata di Certificazione.
- Organizzare il tour "Best Practice Share Tour" per i progetti Lean Six Sigma.
- Preparare l'infrastruttura web aziendale della Lean Six Sigma Academy.
- Proparare un Social network Lean Six Sigma aziendale per es. Yammer o altro.

6. Certificazione Lean For Green

Anche se Lean in Finance supporta gli sforzi per personalizzare i programmi di Certificazione Lean Six Sigma per soddisfare le rispettive esigenze e gli obiettivi di miglioramento continuo dell'organizzazione, noi crediamo nei seguenti aspetti: 1) la diversità degli obiettivi, 2) l'investimento in risorse (budget e FTE) richiesto per progettare, implementare e sostenere un programma di certificazione di alto livello; 3) la variazione della qualità della formazione e 4) le limitazioni riguardanti la trasferibilità di un certificato Lean Six Sigma. Sono considerazioni importanti che ci rendono esitanti a sostenere e riluttanti ad appoggiare lo sviluppo di un programma di certificazione per una società. Queste considerazioni sono discusse più avanti.

Elementi di un programma di Certificazione OpEx. Un programma di certificazione è in genere progettato per "confermare" le capacità di un individuo di soddisfare le competenze fondamentali stabilite da un'organizzazione o da un ente accreditante. I programmi di Certificazione Lean Six Sigma sono spesso costituiti da tre o quattro componenti:

1) Competenza: padronanza della materia attraverso la partecipazione alla formazione/istruzione e il completamento di un test o esame scritto di competenza;
2) Livello di Esperienza: un portfolio di lavoro che dimostra l'applicazione del metodo e degli strumenti ad un progetto e risultati dimostrabili;
3) Livello di Conoscenza ed Esperienza: un sistema gerarchico per designare il livello di conoscenza, esperienza, abilità di un operatore. Le istituzioni Six Sigma e Lean Six Sigma utilizzano un "sistema di cinture" (White, Yellow, Green, Black Belt e Master Black Belt), mentre le istituzioni Lean (ad esempio, il Lean Shingo Institute) si basano su un sistema a più livelli di bronzo, argento e oro (con l'oro come il più avanzato). Lean in Finance in Patnership con Six Sigma Academy fondata da Mikel J. Harry ideatore del Six Sigma offre questo tipo di certificato a professionisti che raggiungono i requisiti e standardizzano il corpo di conoscenze in tutto il mondo.
4) Mantenere la Certificazione e la Re-certificazione: mantenere le competenze esistenti attraverso l'apprendimento continuo (ad esempio, la partecipazione a corsi di aggiornamento o corsi avanzati); la ricertificazione periodica assicura che non ci sia una perdita di credenziali e competenze.

Chiara comprensione degli obiettivi di sviluppo delle capacità LSS.

In definitiva, l'efficacia di qualsiasi sforzo di formazione per lo sviluppo delle capacità di C.I. è la misura in cui supporta la strategia globale e gli obiettivi dell'organizzazione. Un primo passo importante per determinare se e quale tipo di programma di certificazione necessita è valutare come e in che misura il programma di C.I. si allinea e supporta gli obiettivi a lungo termine dell'organizzazione in modo sostenibile. L'obiettivo a lungo termine di OpEx aziendale è quello di creare una cultura del miglioramento continuo che abbraccia il pensiero Lean Six Sigma e l'innovazione, adottando e utilizzando abitualmente pratiche che producono risultati ambientali.

Requisiti delle risorse. Programmi di certificazione di alta qualità e sostenibile simili a quelli stabiliti da organismi di certificazione internazionali riconosciuti come l'American Society for Quality (ASQ), Society of Manufacturing Engineers (SME), Six Sigma Academy (SSA&COMPANY), ecc. richiedono un significativo investimento di tempo a lungo termine e ampie risorse per: a) progettare, consegnare e aggiornare i materiali di formazione; b) progettare, amministrare e classificare gli standard ed i test di prova; c) verificare e valutare il completamento soddisfacente dei requisiti di certificazione e ricertificazione dei potenziali candidati. Le priorità esistenti, le risorse e il livello di sforzo richiesto per progettare e mantenere un programma di certificazione nazionale "best in class", di alto livello, superano di gran lunga le risorse disponibili a livello nazionale per stabilire e mantenere tale programma.

Variazione della qualità della formazione e della trasferibilità delle credenziali. L'assenza di un unico organismo di certificazione per il riconoscimento e la certificazione delle competenze Lean Six Sigma ha creato un'ampia varietà di programmi di certificazione, formatori e programmi di formazione, ciascuno con i propri requisiti formativi. La varietà della formazione, pur essendo utile per soddisfare le diverse esigenze dei consumatori (no-profit e privati), rende anche difficile valutare e misurare la qualità della formazione, convalidare le credenziali e verificare la preparazione dei potenziali candidati. Una volta in atto, i programmi di certificazione possono convalidare la capacità del candidato di completare i requisiti di certificazione, ma ciò non convalida di per sé la leadership, la gestione del progetto, l'intelligenza motivazionale, l'intelligenza emotiva, la facilitazione e la capacità di problem-solving che sono così vitali per condurre un progetto Lean Six Sigma. Inoltre, per quanto riguarda la trasferibilità delle credenziali, l'assenza di un organo di governo standard significa che le credenziali ottenute in un ambiente possono non essere riconosciute in un altro. E' molto importante selezionare un fornitore che si avvale esclusivamente di un consulente Master Black Belt con molti anni di esperienza in diversi settori industriali.

In sintesi l'azienda incoraggia il perseguimento di modelli/approcci alla formazione C.I. e gli sforzi di capacity building che supportano le diverse esigenze. Lean in Finance costruisce reti globali e locali Lean Six Sigma con il desiderio dei professionisti di applicare le competenze per raggiungere 1) Corpo di Conoscenza, 2) Corpo di Esperienza, 3) Livello di Conoscenza ed Esperienza e sfruttare le migliori pratiche di CI condividendo workshop in Italia e nel mondo.

6.1 Come Replicare i Successi

Il modo Lean Six Sigma di replicare i successi si ottiene condividendo informazioni sulle pratiche efficaci e sui problemi che tali pratiche sono state progettate per affrontare. In giapponese si chiama yokoten. E' importante non copiare semplicemente una pratica da altrove, ma "andare a vedere" la situazione in cui è stata sviluppata, e poi adattare la pratica alla propria situazione.

Questo modo di replicare i benefici dei progetti Lean Six Sigma descrive come un'azienda può identificare e adattare le pratiche locali di successo dei precedenti progetti Lean per "Replicare" i loro successi e generare ulteriori miglioramenti globali.

Il Lean Six Sigma è un approccio al miglioramento e un insieme di metodi che possono migliorare notevolmente la velocità, la qualità e la trasparenza dei processi eliminando tutte le forme di attività non a valore aggiunto o "waste" sprechi. Molte aziende hanno utilizzato eventi di miglioramento dei processi Lean Six Sigma e altri metodi per migliorare tutti i tipi di processi, dai processi amministrativi ai processi aziendali, ai processi operativi o di sviluppo prodotto. Alla luce di questi successi, potete chiedervi: come possiamo replicare i risultati di successo dei progetti Lean nei nostri programmi e processi? Per rispondere a questa domanda, questo libro fornisce una guida su: come trovare informazioni sui progetti Lean Six Sigma passati, come determinare quali progetti replicare, quali approcci considerare per la replica e come facilitare il processo di replica.

6.2 Come Trovare Progetti da Replicare

Il primo passo verso il successo degli sforzi di replica è quello di imparare da altri progetti Lean Six Sigma per identificare idee che potrebbero essere replicate nel vostro ufficio o regione per risolvere i problemi esistenti. Ci sono diversi modi per trovare informazioni su altri progetti Lean Six Sigma:
- Rivedere le informazioni sui progetti Lean Six Sigma

oppure Kaizen sul file di tracciabilità dei progetti della OpEx Corporate Academy, guardare i casi di studio e le sintesi dei progetti passati, concentrandosi su progetti che affrontano processi simili a quelli che il vostro ufficio o regione vuole migliorare (se conosciuti). Lean in Finance offre un sito web e sharepoints di casi di studio divisi per industrie su richiesta e gratuitamente. Una volta che si conosce il processo che si desidera migliorare, è utile fare ricerche di benchmarking per imparare ciò che altri hanno fatto con processi simili. Se pensate che un progetto sia rilevante, chiedete a un rappresentante del progetto di condividere i materiali del progetto, come la project charter, le presentazioni, le mappe dei processi e qualsiasi lavoro standard (modelli, moduli, ecc. che documentano il nuovo processo) o altri strumenti sviluppati dal team. Si potrebbe anche voler impostare delle conference call per parlare di eventuali lezioni apprese dal progetto.

- Partecipare a presentazioni di report-out di eventi Lean o eventi sui processi di interesse. Controllate il programma dei prossimi eventi Lean sul calendario dei workshop della Community o della Corporate University per identificare i progetti che potrebbero essere di interesse. Se state pensando di appoggiare lo stesso processo nella vostra regione o ufficio, contattate il team leader dell'evento per chiedere se potete partecipare all'evento in qualità di osservatore o partecipare alla presentazione del report-out.

- Partecipate ai Lean Six Sigma Summits, ai Lean Community e ad altri incontri o forum per condividere le informazioni sul progetto Lean Six Sigma. Se avete identificato un processo da migliorare nel vostro ufficio o regione, ponete domande sulle cause profonde dei problemi che il precedente progetto Lean ha affrontato, insieme alle soluzioni a questi problemi, in modo da poter determinare se tali soluzioni sono appropriate per i

problemi che dovete affrontare.
- Cercate se qualcuno ha fatto o sta pianificando eventi
Lean su processi simili. Può essere utile parlare con i vostri
contatti aziendali per vedere se hanno familiarità con eventi
Lean su processi simili. Ci possono essere opportunità per
condividere idee da progetti passati o collaborare a progetti
futuri. In caso di dubbio, basta chiedere! La maggior parte
delle persone che hanno partecipato a progetti Lean Six
Sigma sono molto disponibili a parlare con gli altri della
loro esperienza.

6.3 Quando Replicare i Successi

Dopo aver identificato i progetti che hanno il potenziale
per risolvere un problema nel vostro ufficio o nella vostra
azienda / linea di business, vorrete valutare se sono validi
candidati alla replicazione. Non tutti i progetti Lean sono
facilmente replicabili, e non tutti gli aspetti di un progetto
Lean avranno senso per essere utilizzati altrove. Qui ci
sono quattro dimensioni chiave per aiutare a identificare
cosa replicare:
- Valore: Il progetto Lean (o elemento del progetto) che
state considerando di replicare ha prodotto risultati
significativi? Sapete quali cambiamenti di processo sono
stati critici per produrre i risultati?
- Trasferibilità: i cambiamenti di processo rispetto al
precedente progetto Lean sono stati documentati nel
lavoro standard (ad esempio, liste di controllo, modelli,
mappe di processo, ecc.) che il vostro team potrebbe
rivedere e adattare al suo processo?
- Connettività: Il vostro team di progetto ha la possibilità di
consultare qualcuno che è stato coinvolto nel precedente

progetto Lean per saperne di più sui problemi e le soluzioni
identificate?
- Somiglianza: Il precedente progetto Lean ha affrontato
sfide simili (ad esempio, cause di inefficienza o problemi di
qualità) a quelle che trovate nel processo analogo nel vostro
ufficio o linea di business? I progetti (o gli aspetti dei
progetti) che soddisfano quei criteri di valore dimostrato,
lavoro standard documentato, persona di contatto
disponibile e simili al vostro processo, sono i migliori
candidati per la replicazione.

6.4 Modalità di Replica dei Successi Lean Six Sigma

Una volta stabilito che un progetto Lean Six Sigma è un
buon candidato per la replica sulla base dei criteri discussi
sopra, ci sono quattro tecniche primarie per replicare i
risultati e i successi di un progetto Lean in un altro
processo o area, come segue.
1. Adattare e implementare. Un approccio "Adattare e
implementare" alla replicazione comporta l'adeguamento
del processo per incorporare semplici miglioramenti
identificati attraverso un'iniziativa Lean separata, senza
avviare uno sforzo formale o di gruppo per generare il buy-
in o personalizzare i cambiamenti.
2. Condurre un Mini-Lean Event. Gli eventi Mini-Lean
possono essere realizzati in meno di mezza giornata o fino
a tre giorni, a seconda della portata e della complessità dei
miglioramenti. Il vostro ufficio o business line può
utilizzare un evento mini-Lean per far sì che un team
personalizzi uno strumento o un semplice cambiamento di
processo (ad esempio, una nuova checklist per una

procedura) sviluppato altrove per le vostre esigenze. In alternativa, se il vostro team di progetto ha familiarità con il Lean, potreste essere in grado di ridurre i tempi di pianificazione ed esecuzione di un evento Lean sul vostro processo attingendo a idee e materiali da altri progetti. Questo probabilmente funzionerà solo per progetti di portata minore.

3. Condurre un evento Lean completo. Quando viene utilizzato per la replica Lean, un evento Lean completo dovrebbe seguire la struttura di un evento kaizen standard, ma attingere alle esperienze dei precedenti progetti Lean per migliorare la portata e mirare ai miglioramenti. Questo tipo di replica può aiutare i progetti Lean ad avere più successo, anche se non può ridurre il tempo che il team trascorre nell'evento.

4. Nuovi cambiamenti pilota. La fase pilota consiste nel testare i cambiamenti di processo da un progetto in un altro, tipicamente in una piccola area e per un periodo di tempo limitato, imparando dai test e adattando e perfezionando i cambiamenti per meglio soddisfare le esigenze specifiche e la cultura dell'agenzia che adotta i cambiamenti. Il periodo di tempo per la sperimentazione varia a seconda della scala dei cambiamenti di processo in fase di sperimentazione.

6.5 Come Selezionare una Tecnica di Replica

La determinazione della tecnica di replicazione più adatta alla vostra azienda dipende da diversi fattori:

1. Il miglioramento del processo che si prevede di replicare

è semplice o complesso? Adattare un semplice strumento o un cambiamento di processo, come un nuovo modello o una nuova checklist, da un precedente progetto Lean nel vostro processo è più facile e richiede meno buy-in da parte del personale e della direzione rispetto alla replica di un progetto Lean che revisiona il modo in cui il vostro processo funziona attualmente.

2. Avete bisogno di creare il buy-in per il cambiamento di processo? Se il personale e i manager sono lenti a fidarsi del cambiamento, sforzi di replicazione rapidi e diretti come "adattare e implementare", potrebbero non essere efficaci nel generare il livello di buy-in necessario per il successo. Inoltre, il livello di buy-in per la replica Lean può dipendere da dove è nata l'idea del progetto di replica. Quando un'idea di replica viene suggerita dalle persone coinvolte nel processo, è più probabile che il personale sia di supporto.

3. Avete bisogno di capire quali sono le cause dei problemi del vostro processo? Mentre la replica può presentare una corsia preferenziale per migliorare il processo non reinventando la ruota, è difficile determinare se le soluzioni identificate da un precedente progetto Lean sono applicabili se il vostro team non ha una piena comprensione del processo attuale. Quando un team di progetto lavora insieme per tracciare il processo corrente, identificando i problemi in esso contenuti e sviluppando soluzioni per affrontarli, come ad esempio in un evento Lean, i partecipanti sono più proprietari delle modifiche e possono personalizzare le modifiche ai loro problemi specifici.

4. Le soluzioni replicabili affrontano adeguatamente i vostri problemi? Proprio come qualsiasi altro sforzo di trasformazione Lean, la replica Lean non avrà successo se non risolvete i problemi nel vostro processo. Mentre un processo può essere simile, i punti problematici possono

differire in base alle differenze nelle strutture interne, alle persone coinvolte, ai processi interni costruiti nel tempo.

6.51 Facilitare il processo di replicazione

La Lean Six Sigma replication è un processo bidirezionale che comporta uno scambio di idee e informazioni dal progetto originale e un nuovo processo che cerca di adattare le soluzioni di quel progetto. Un team di progetto Lean Six Sigma può fare diverse cose per rendere più facile per gli altri imparare e replicare i successi di un progetto.

6.52 Condivisione di informazioni sul progetto Lean per incoraggiare la replica

Se state progettando un evento Lean Six Sigma o avete partecipato con successo ad un progetto Lean Six Sigma, potete prendere diverse misure per diffondere le buone idee dal vostro progetto altrove, come segue.

- Identificate un rappresentante o un coach del vostro progetto per aiutare a trasferire le conoscenze agli altri.
- Condividete con gli altri i materiali del vostro progetto (ad esempio, la project charter , le presentazioni, la storia di successo e tutti gli strumenti, il lavoro standard, le mappe dei processi o altri prodotti sviluppati dal vostro team). Considerate la possibilità di inviare materiale a persone che ritenete possano essere interessate (ad esempio, membri della comunità del vostro programma in altri uffici o regioni), non semplicemente condividendo il materiale su richiesta.
- Tradurre i risultati del vostro progetto Lean in un

contesto universale. Distillate gli elementi essenziali del vostro nuovo approccio, descrivete i benefici dell'approccio e documentate il nuovo approccio e gli strumenti in un modo che altri possono facilmente comprendere e utilizzare.
- Trovate l'opportunità di raccontare agli altri il vostro progetto attraverso presentazioni, incontri e/o conference call e workshop.
- Invitate persone provenienti da processi simili a partecipare al vostro evento Lean o alla presentazione di un report-out.

La replica del Lean Six Sigma promette di accelerare i miglioramenti di efficienza e qualità con meno sforzo. Tuttavia, come per qualsiasi miglioramento del processo, ci possono essere resistenze al cambiamento e altre difficoltà di implementazione.

7. Selezionare un Metodo di Miglioramento

Una volta determinato lo scopo iniziale dell'evento, considerare quali metodi Lean utilizzare. Due metodi basati su eventi Lean sono la mappatura dei flussi di valore e gli eventi kaizen. Mentre questi metodi Lean basati su eventi sono potenti metodi per il miglioramento continuo, esiste una serie di metodi Lean complementari che possono anche supportare il miglioramento continuo e l'eccellenza dei processi. Questo paragrafo si concentra sui metodi Lean basati sugli eventi; tuttavia, dovrebbero essere presi in considerazione altri importanti metodi di analisi dei dati, problem solving, generazione di idee e selezione di soluzioni basate sul Six Sigma. La Master Black Belt può guidare nella scelta dei metodi e degli strumenti più adatti al progetto specifico.

- Un evento kaizen è un evento altamente strutturato, facilitato da due a cinque giorni, che coinvolge un team di dipendenti e stakeholder aziendali e che è stato progettato per compiere rapidi progressi nell'identificazione e nell'implementazione dei miglioramenti di un processo. I partecipanti mappano le fasi del processo, acquisendo una comprensione di tutte le parti del processo e quindi

identificano le aree in cui le fasi non a valore aggiunto
possono essere eliminate per ridurre gli sprechi. Gli eventi
Kaizen sono caratterizzati dall'immediata implementazione
di miglioramenti di processo. L'evento è tipicamente
seguito da riunioni settimanali del team di implementazione
e da riunioni di avanzamento post-evento con la leadership,
di solito 30-, 60-, e 90 giorni dopo l'evento, per monitorare
l'implementazione dei miglioramenti identificati.
- Un evento di mappatura dei flussi di valore è simile ad un
evento kaizen, ma di livello superiore; richiede anche la
dedizione di un team di partecipanti, generalmente per tre o
quattro giorni e i servizi di un facilitatore. Il team traccia
l'intero processo dall'inizio alla fine del suo stato attuale in
una rappresentazione visiva di alto livello dei flussi di
processo. I partecipanti creano quindi una mappa
alternativa dello stato futuro basata sull'eliminazione dei
waste dallo stato esistente. I miglioramenti sono identificati
per la transizione dal processo esistente allo stato futuro.
Un approccio di alto livello e strategico rispetto ad un
evento kaizen e può essere utilizzato per creare un quadro
completo di un processo prima di passare alla tattica
attraverso un altro metodo, come ad esempio un evento
kaizen. Il Kaizen e gli eventi di mappatura dei flussi di
valore sono metodi molto potenti, ma possono richiedere
notevoli investimenti di tempo, energia e risorse finanziarie.
In alcuni casi, altri strumenti Lean possono essere più
appropriati, come ad esempio in situazioni in cui le risorse
sono limitate (come il 5S ed il visual management) possono
essere implementati durante o al di fuori del contesto degli
eventi Lean. Tenete presente che, mentre molti di questi
preziosi strumenti implicano un approccio formale e
pianificato al miglioramento dei processi, la vostra
organizzazione può anche implementare regolarmente
azioni "just-do-it" che non richiedono la partecipazione del

team o pochi o nessun strumento formale. Queste soluzioni rapide possono consentire ai dipendenti di perpetuare il miglioramento continuo attraverso le loro operazioni quotidiane, ridurre gli sprechi e migliorare l'efficienza al di fuori dei limiti degli eventi formali. È possibile identificare il "just do it" in eventi kaizen, o attraverso percorsi di processo o nel vostro lavoro quotidiano, una volta raggiunta la comprensione dei concetti Lean. In questo modo, i processi possono continuare a migliorare senza dover attendere il tempo e le risorse da dedicare ad un altro evento.

Fig. 7.1   Value Stream Map Example

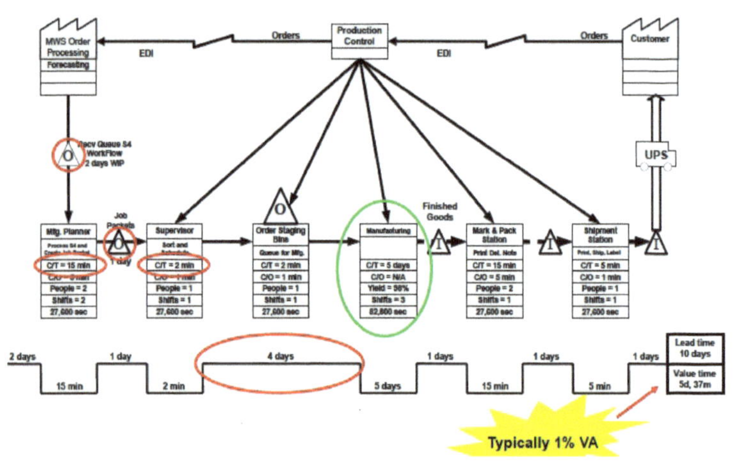

7.1 Perché alcuni Eventi Lean Falliscono

- Portata inappropriata: La scala o la portata dell'evento era troppo grande per essere affrontata in un evento di 4-5 giorni. La dimensione e la complessità del processo avrebbe dovuto invece essere affrontata con un evento di mappatura del flusso di valore seguito da una serie di eventi di miglioramento kaizen.
- Mancanza di un impegno visibile del Manager gestore del processo: a meno che i manager non si impegnino visibilmente e sostengano attivamente i miglioramenti ed i cambiamenti di processo, è facile tornare indietro al business come era in precedenza.
- Scarsa facilitazione o supporto per gli eventi: la mancanza di una preparazione adeguata per un evento Lean limita ciò che può essere realizzato; allo stesso modo, la mancanza di un facilitatore esperto può inibire i progressi durante un evento Lean.
- Follow-up inadeguato: attenzione, risorse e responsabilità insufficienti possono impedire che il nuovo processo venga implementato con successo in un lasso di tempo ragionevole.
- Disallineamento strategico: quando più dipartimenti autonomi sono coinvolti in un evento, possono emergere conflitti dovuti a differenze nella missione e nella direzione strategica. Questo disallineamento può minare il supporto manageriale per le attività di follow-up e di implementazione.
Le aspettative irrealistiche o ciò che l'evento potrebbe raggiungere non erano realistiche per il tipo di processo, la complessità o altri fattori.

7.11 Imparare dai fallimenti

A volte, nonostante la migliore preparazione e pianificazione, gli eventi Lean non raggiungono alcuni o tutti gli obiettivi desiderati. È comune per le organizzazioni condurre uno o più eventi Lean che non sono visti come un successo. È importante ricordare che tali "fallimenti" non significano che il Lean non può funzionare nella vostra azienda. Le organizzazioni leader usano questi "fallimenti" come momenti di insegnamento. Infatti, lo stesso processo Lean è inteso come un processo di apprendimento per il miglioramento continuo. Se la vostra organizzazione sperimenta un "fallimento", diagnosticate l'evento e fate un piano di follow-up che affronta direttamente i fattori chiave che hanno minato il successo di eventi passati.

8. Diffondere l'Attività Lean Six Sigma e diventare un'Impresa Snella

Fare uno o più eventi Lean o progetti Lean Six Sigma in un'azienda S/M/L può essere un'esperienza che apre gli occhi ed emozionante. L'osservazione di miglioramenti rapidi e drammatici in un processo può offrire uno scorcio di ciò che è possibile realizzare. Tuttavia, la gestione di alcuni eventi Lean di successo non è sufficiente per realizzare tutti i vantaggi derivanti dagli sforzi di miglioramento del processo, né è sufficiente a sviluppare una cultura del miglioramento continuo in tutta l'azienda. Il potere del Lean si realizza veramente quando gli individui in un'organizzazione interiorizzano un approccio proattivo e risolutivo e l'organizzazione diventa abile nel sostenere il miglioramento come parte delle pratiche lavorative quotidiane.

È importante ricordare che la diffusione del Lean in un'azienda è una parte critica del lavoro Lean complessivo. Dopo i primi eventi Lean, sorgono inevitabili domande.

Cosa significa Lean Six Sigma per la nostra azienda nel lungo termine?
Come possiamo sostenere e diffondere i successi della nostra iniziale attività Lean Six Sigma?
Come possiamo utilizzare il Lean Six Sigam per promuovere una cultura del miglioramento continuo nella nostra azienda?

Le risposte a queste domande possono andare da "abbiamo finito con il Lean Six Sigma" a "lasciare che ogni parte dell'azienda utilizzi da sola i metodi Lean Six Sigma" a "incorporeremo il Lean Six Sigma nel modo in cui la nostra azienda fa il suo business". Ogni azienda deve decidere se vede un valore sufficiente per continuare ad utilizzare il Lean Six Sigma. Se un'azienda decide di continuare con il Lean Six Sigma allora deve decidere come procedere. Non c'è una risposta giusta a questa domanda, ma la mancata considerazione strategica può avere gravi conseguenze. Nella migliore delle ipotesi, l'incapacità di pensare strategicamente a sostenere e diffondere l'attività Lean aumenterà i costi di capacity building, formazione, facilitazione Lean e sviluppo di strumenti Lean.
Inoltre, data la frequenza dei cambiamenti nella leadership aziendale, le iniziative che non sono ben pianificate o radicate nell'azienda possono essere vulnerabili all'eliminazione.
Questo capitolo è stato progettato per aiutarvi a pensare strategicamente a come la vostra azienda può sostenere e diffondere l'attività di miglioramento continuo Lean. Gli argomenti trattati in questo capitolo includono:

- Comprensione del viaggio Lean Six Sigma
- Come iniziare con la diffusione Lean Six Sigma

8.1 Comprensione del Lean Six Sigma Journey

Ci sono cinque elementi chiave di un sistema di miglioramento continuo che il Lean Six Sigma supporta. In primo luogo, i leader forniscono obiettivi, direzione e supporto per consentire attività di miglioramento dei processi. Seguendo questa direzione i manager e il personale utilizzano i metodi Lean Six Sigma per eliminare le inefficienze, semplificare i processi e permettere di dedicare più tempo al lavoro "mission critical". La formazione Lean Six Sigma assicura che i dipendenti possano effettivamente partecipare e condurre attività di miglioramento dei processi. Successivamente, una comunicazione mirata tiene informato il pubblico interno ed esterno sugli sforzi della società Lean Six Sigma e sulla loro importanza. Infine, un sistema di misurazione delle prestazioni consente all'azienda di monitorare e valutare i progressi nel tempo e di apportare modifiche alle attività di implementazione, si veda la Fig. 8.1 un esempio di Deployment Status Assessment.

8.2 Come iniziare con la Diffusione del Lean Six Sigma

Quando ci riferiamo ad una "diffusione" Lean Six Sigma ci riferiamo al piano complessivo ed alle risorse necessarie per rendere l'applicazione del Lean Six Sigma un successo in una data organizzazione. Mentre ci sono elementi chiave che devono essere considerati nella pianificazione di ogni distribuzione, ogni azienda si differenzierà nel modo in cui affronta questi elementi.

Ci sono diverse applicazioni e approcci di
personalizzazione, ma esistono due tipici scenari di
implementazione come da figura 8.2 sottostante.

Fig. 8.2 **Two Typical Deployment Scenarios**

Two Typical Deployment Scenarios

	"Toe in the Water"	Enterprise Wide
Description	• Division or function specific deployment	• Whole company roll-out (simultaneous or division by division)
Example	• Identify key issues in 400-500 person division • Train 4-5 BB's through SSA Open Enrollment • Provide executive, ongoing mentoring support • Close 2 projects per BB, targeting $250K in benefits per project ($500K per BB total)	• Identify key company issues • Train ~1% (TBD) of skilled work-force over 2-3 years • Provide significant executive support, deployment tools • Target 5-15 points of margin improvement; significant organizational change and capability building
Pros	• Discrete impact; allows you to test • Uses less resources up-front; quicker path to value • Builds momentum for future roll-out	• Maximum impact to organization – financially and culturally • Can quickly capture external (e.g., customer, Wall Street) support
Cons	• Sometimes challenging to execute X-division, X-function projects • Less impact on organizational development/culture • Longer lead before significant overall benefits accrue	• Initial set-up time lengthens time to value • Significant investment of time and resources

Lo sviluppo completo di questo sistema di miglioramento
continuo e la promozione del cambiamento culturale non
avviene da un giorno all'altro. Le organizzazioni spesso
descrivono i loro sforzi come un "viaggio", che consiste in
varie fasi dell'attività Lean Six Sigma e del cambiamento
culturale. Spesso questo comporta l'avvio di test pilota
Lean Six Sigma in una o due aree per acquisire esperienza e
vedere come può essere applicato al meglio all'interno della
cultura di un'organizzazione. Dopo il pilota iniziale,

un'organizzazione può muoversi verso usi più strategici del
Lean Six Sigma per affrontare le priorità organizzative ed i
problemi persistenti. Alcune organizzazioni possono quindi
portare il Lean al livello successivo, intraprendendo una
trasformazione della cultura organizzativa che si basa non
solo sugli eventi Lean per guidare il cambiamento, ma che
incorpora anche il miglioramento dei processi nelle pratiche
lavorative quotidiane dei dipendenti.

Il tempo che un'organizzazione impiega per passare da una
fase di miglioramento, ottimizzazione e trasformazione può
variare, e possono volerci 3-5 o più anni prima che
un'organizzazione adotti completamente una cultura Lean
Six Sigma. Il viaggio Lean non avviene durante la notte.
Il ritmo e l'efficacia della trasformazione dipendono da
molteplici fattori tra cui il supporto alla leadership, la
cultura organizzativa, il senso di urgenza per il
cambiamento, le risorse disponibili e la strategia di
implementazione. La strada del viaggio Lean Six Sigma non
è sempre agevole e molte organizzazioni che implementano
il Lean sperimentano una maggiore possibilità di fallimento
tra i 6 e i 18 mesi nel loro viaggio Lean Six Sigma.

 Il fallimento durante questo periodo di un viaggio Lean Six
Sigma si verifica spesso a causa di una combinazione di tre
fattori:
- Mancanza di focalizzazione strategica sulle attività Lean
Six Sigma
- Mancanza di passione del management e impegno per
un'implementazione di successo del Lean Six Sigma
- Mancanza di tempo e denaro per sostenere questo viaggio

Durante questo periodo, l'eccitazione iniziale e lo slancio
dei primi eventi Lean Six Sigma possono diminuire,
soprattutto senza una leadership attiva o un piano chiaro
per continuare e diffondere l'attività Lean Six Sigma.

Questi sono i motivi chiave per cui l'impegno della leadership e la comunicazione sono fondamentali per sostenere il successo con gli sforzi di miglioramento del processo Lean Six Sigma.

9. Azioni Strategiche per i Leader del Cambiamento

Una leadership visibile è fondamentale per aiutare molti manager che sono nuovi al Lean Six Sigma a superare il rischio percepito di provare un nuovo e sconosciuto metodo di miglioramento dei processi.

Possibili reazioni iniziali al Lean Six Sigma:
- Ci abbiamo gia' provato.
- Siamo troppo occupati per prenderci del tempo per un evento di miglioramento.
- Non abbiamo tempo per concentrarci sul miglioramento dei processi.
- Costa troppo fare un evento di miglioramento Lean.
- Non funzionerà mai nella nostra area di lavoro o dipartimento.
- Non c'è niente di guasto, quindi perché aggiustarlo?
- Non siamo come un'azienda manifatturiera; questi concetti e strumenti non si applicano a noi.
- In qualche modo ce l'abbiamo sempre fatta, non abbiamo bisogno di imparare cose nuove.

La maggior parte delle organizzazioni che intraprendono tale viaggio metodologico scopriranno presto che le scuse per non provare il Lean Six Sigma sono infondate e che il ritorno dagli sforzi del Lean Six Sigma può essere rapido e drammatico.

9.1 Indicazioni per il Futuro: Costruire una Mentalità di Miglioramento Continuo

Anche se un approccio di base al Lean Six Sigma può essere interessante per il coordinamento e la pianificazione di alcune aziende, è inestimabile per un'attuazione efficace. I leader Lean nel settore pubblico e privato hanno trovato modi strategici per espandere l'attività Lean ad un costo inferiore, con maggiore coerenza e risultati migliori rispetto a quelli che si otterrebbero implementando il Lean in un approccio frammentario. Ci sono sei passi importanti per diffondere il Lean Six Sigma all'interno di una società.

9.2 Migliorare e Gestire i Flussi di Valore per il Cliente

1. Implementare il Lean Six Sigma in diverse aree e condividere i risultati
2. Inviare messaggi di sostegno chiari e coerenti da parte della leadership
3. Stabilire un Master Black Belt o un Coordinatore Lean Aziendale
4. Costruire un team Lean Six Sigma e ampliare le capacità del personale attraverso la formazione.
5. Sviluppare un approccio e strumenti coerenti per l'attuazione del Lean Six Sigma
6. Sostenere lo slancio per mantenere il Lean Six Sigma, ma non spingere troppo forte e troppo velocemente.

1. Implementare il Lean Six Sigma in diverse aree e condividere i risultati.

Il modo migliore per sostenere, espandersi e dare slancio all'attività Lean Six Sigma è quello di raggiungere risultati e condividerli in tutta l'azienda. Identificare diversi dipartimenti o processi di business che possono essere buone aree per condurre eventi Lean e per costruire l'esperienza del personale con Lean Six Sigma. Condurre eventi isolati in tutta l'impresa può dare buoni risultati di miglioramento ed esporre molto personale al Lean Six Sigma, ma questo approccio non costruirà necessariamente centri di esperienza OpEx che siano sufficienti ad alimentare l'interesse e l'attenzione organizzativa per sostenere l'attività Lean Six Sigma. Molti esperti Lean hanno pensato che il valore di creare "Laboratori di Innovazione" luoghi dove è concentrata l'attività Lean Six Sigma che può servire come modelli per la diffusione e l'apprendimento in tutte le parti delle organizzazioni.

Il modo migliore per conoscere il Lean Six Sigma è sperimentarlo in prima persona, attraverso eventi Lean o progetti Lean Six Sigma. Il modo migliore per realizzare ciò che il Lean Six Sigma può fare per la vostra azienda è certamente quello di provarlo in prima persona. Dopo il vostro primo progetto pilota, quando selezionate le aree per ulteriori attività Lean Six Sigma, considerate questi quattro fattori oltre ai criteri descritti nel capitolo 3 per la selezione di un progetto Lean Six Sigma:

- Uno o più processi nell'area hanno esigenze di miglioramento significativo e/o opportunità di risultati impressionanti.

- I manager e/o il personale chiave dell'area sono molto ricettivi all'uso del Lean Six Sigma.

- I manager e/o il personale chiave nell'area sono ben rispettati in tutta l'azienda e potrebbero diventare un effettivo champion e/o sostenitore del Lean Six Sigma all'interno dell'azienda.

- Il personale dell'area ha precedenti esperienze con i metodi Lean Six Sigma.

Dopo aver completato un progetto Lean Six Sigma o un evento Lean, condividete i risultati e lasciate che parlino da soli. Il capitolo 3 include informazioni sulla misurazione e la comunicazione dei risultati del Lean Six Sigma. Preparare una breve e attraente presentazione che condivida le informazioni chiave sugli eventi Lean o sui progetti Lean Six Sigma condotti in tutta l'azienda. Coinvolgere il personale chiave di altri dipartimenti e divisioni nelle presentazioni del report-out per gli eventi Lean Six Sigma per aiutare a far conoscere il metodo a tutto il personale chiave ed i "leader di idee" all'interno dell'azienda. Comunicare costantemente messaggi sul perché il Lean Six Sigma è importante per l'azienda e sui risultati ottenuti grazie agli eventi Lean e alle attività di implementazione dei progetti C.I.. Quando le persone scopriranno che il Lean Six Sigma può rendere il loro lavoro più facile e fornire risultati reali, lo slancio si costruirà.

2. Inviare messaggi di supporto chiari e coerenti da parte della direzione aziendale.
Un forte supporto da parte dei leader aziendali è fondamentale sia per l'efficace implementazione che per la diffusione del Lean Six Sigma. Senza il supporto personale e visibile dei senior manager delle risorse coinvolte, l'efficacia degli eventi Lean o dei progetti Lean Six Sigma può essere compromessa. La Lean Leadership richiede un'attenzione e risorse sostenute, insieme ad un'apertura al cambiamento. L'impegno e il sostegno visibile della leadership sono vitali anche per incoraggiare altre parti di un'organizzazione a fare un passo avanti e provare il Lean Six Sigma. L'impegno della leadership è fondamentale per

garantire che l'azienda sostenga il lavoro dei professionisti Lean Six Sigma, sia durante specifici progetti Lean Six Sigma che nel più ampio dispiegamento organizzativo del Lean Six Sigma.

3. Stabilire un Coordinatore Lean o una Master Black Belt aziendale.

Una volta che la vostra azienda si è impegnata ad implementare molteplici eventi Lean o progetti Lean Six Sigma, è fondamentale identificare le risorse relative ad un coordinatore Lean per aiutare a guidare e tenere traccia delle attività Lean Six Sigma in tutta l'azienda.

Un Coordinatore Lean o una Master Black Belt, con il suo lavoro, può aiutare a prevenire inutili rielaborazioni, può essere un potenziale consulente interno o facilitatore di eventi, fare formazione alle risorse, condividere le lezioni apprese e altre informazioni utili. Alcune aziende hanno trovato utile incaricare il coordinatore Lean di guidare lo sviluppo di una strategia di implementazione organizzativa Lean. Tale strategia può supportare l'attività Lean a livello organizzativo e assicurare che sia collegata alla missione complessiva dell'organizzazione, al piano strategico e ad altre priorità. Un coordinatore Lean aziendale può anche tracciare l'uso del Lean in tutta l'organizzazione e cercare opportunità di benchmarking e condivisione delle informazioni. Il coordinatore Lean può monitorare gli sforzi di miglioramento del processo in tutta l'organizzazione e garantire che l'implementazione sia seguita dopo ogni evento.

Anche se è utile avere un unico punto di contatto per l'iniziativa Lean della vostra azienda, specialmente per scopi di comunicazione, ciò non significa che il "coordinatore" debba necessariamente essere l'unica persona coinvolta nel coordinamento delle attività del C.I. in tutta l'azienda.

Infatti, è fondamentale che i leader di tutta l'azienda o del dipartimento/divisione all'interno della quale si sta implementando il metodo, siano attivamente coinvolti negli sforzi di miglioramento del processo della vostra organizzazione. Alcuni esperti Lean sostengono l'istituzione di un Lean Steering Committee per consentire l'allineamento tra i team di leadership per gli sforzi di miglioramento dei processi, nonché per comunicare le attività e i risultati, valutare i progressi, raccogliere e dare priorità alle idee di miglioramento e assegnare le risorse.

Il Coordinatore Lean aziendale o la Master Black Belt può servire da punto focale centrale per un'iniziativa Lean. Possono lavorare sotto la direzione di un Senior VP e/o di un Comitato Direttivo per sviluppare e supportare la strategia di implementazione della Corporate Lean Six Sigma Academy, incluse le comunicazioni, la formazione, lo sviluppo delle capacità, la misurazione delle prestazioni e l'applicazione regolare dei metodi e degli strumenti Lean Six Sigma.

4. Costruire un Core Lean Team ed espandere le capacità del personale attraverso la formazione.

Cominciate a costruire la vostra esperienza Lean nella vostra organizzazione avendo pochi dipendenti che partecipano a molteplici eventi Lean in tutta l'azienda. Il modo migliore per conoscere il Lean Six Sigma e diventare abili praticanti Lean, o una Belt, è osservare, partecipare ad eventi Lean o condurre progetti Lean Six Sigma. I corsi di formazione possono essere utili, ma non sostituiscono il tempo trascorso in eventi Lean, anche se gli eventi sono focalizzati su processi diversi da quelli su cui lavora il singolo individuo.

Molte organizzazioni riferiscono che l'assistenza per la facilitazione e l'implementazione di eventi Lean da parte di consulenti Lean esperti è essenziale fino a quando un'organizzazione non ha sviluppato una sufficiente esperienza interna. Sfruttare il supporto dei consulenti per gli eventi Lean in modo da far progredire gli obiettivi in maniera più ampia, sviluppando le capacità interne di implementazione.

Nel tempo, questo sforzo può ridurre la dipendenza dai consulenti Lean per i servizi di facilitazione degli eventi, che possono essere costosi. Molte organizzazioni Lean con esperienza mantengono un certo livello di consulenza strategica e di supporto sulla diffusione Lean Six Sigma da parte dei consulenti esperti e qualificati. Un'altra strategia che alcune organizzazioni adottano è quella di assumere l'esperienza Lean o Master Black Belt coinvolgendo uno o più esperti professionisti Lean che hanno guidato con successo eventi Lean o sforzi di implementazione di processi amministrativi in altre organizzazioni del settore pubblico o privato. Investire in diversi membri del team di dipendenti che dimostrano interesse e capacità con il Lean e le relative competenze quali il coaching e la gestione del cambiamento. Fate in modo che questi membri del team partecipino al maggior numero possibile di eventi Lean. Dare loro una crescente responsabilità per la conduzione di team Lean e la facilitazione di eventi di formazione e Lean (a volte con l'aiuto di consulenti). Anche se possono volerci un paio d'anni di pratica per guidare in modo indipendente gli sforzi Lean, questi membri del team possono assumersi la responsabilità significativa per l'applicazione del Lean abbastanza rapidamente, riducendo la necessità di tempo per il consulente. Come discusso di seguito, la costruzione di un programma di formazione Lean Six Sigma può accelerare gli sforzi di capacity building e assicurare l'uso di metodi e strumenti coerenti.

5. Sviluppare un approccio e strumenti coerenti per

l'implementazione del Lean Six Sigma.

Nel momento in cui il Lean Six Sigma è diffuso in tutta l'organizzazione, evitare che ogni ufficio o reparto reinventi gli strumenti o processi Lean esistenti. Gli esperti professionisti Lean Six Sigma riferiscono che senza un approccio coerente a livello di organizzazione, è difficile replicare i miglioramenti delle prestazioni da un reparto all'altro. Molte organizzazioni hanno scoperto che un approccio coerente all'implementazione di metodi e strumenti Lean può ancora soddisfare le esigenze di diversi uffici, programmi e processi.

Molte organizzazioni dovrebbero prendere in considerazione l'impiego di un approccio comune per la selezione e il contratto con un facilitatore Lean, fino a quando non sarà sviluppata una sufficiente capacità interna di facilitazione Lean Six sigma. Questo può essere un modo importante per assicurare che ogni progetto o evento utilizzi un approccio comune al Lean. Le aziende possono anche scoprire che un approccio standardizzato può ridurre i costi di transazione associati all'assunzione e al mantenimento di consulenti Lean. Per esempio, alcuni consulenti possono tendere ad enfatizzare gli eventi kaizen, mentre altri possono porre maggiore enfasi su strumenti Six Sigma. Se un'azienda utilizza una terminologia, strumenti e processi diversi per ogni evento, può rendere più impegnative le comunicazioni e la formazione organizzativa più ampia. Quando un'organizzazione è pronta a costruire una capacità interna per la facilitazione Lean Six Sigma attraverso la formazione e la certificazione, un singolo programma di formazione Lean Six Sigma consentirà ai facilitatori interni di eventi di implementare eventi Lean in tutta l'azienda.

6. Continuate a sostenere il Momento, ma non spingete

troppo forte e troppo velocemente.

Un'implementazione Lean di successo richiede un duro lavoro, ma i risultati spesso valgono la fatica. In generale, più eventi Lean la vostra organizzazione conduce, più sono possibili miglioramenti di processo. Tuttavia, come notato in questo libro, è importante ricordare che sostenere le attività durante l'evento Lean è solo una delle fasi degli sforzi di miglioramento del processo Lean Six Sigma; un'attenta definizione del contenuto e preparazione degli eventi e un'attenzione dedicata alla fase di implementazione sono fondamentali per il successo a lungo termine. Considerate gli obiettivi e le esigenze generali di miglioramento dei processi della vostra organizzazione, e la cultura della vostra organizzazione quando scegliete il livello di investimento nel Lean appropriato per sostenere l'interesse e lo slancio. Anche se non è raro che le principali organizzazioni Lean Six Sigma del settore pubblico e privato gestiscano ogni anno numerosi eventi Lean, ricordate di seguire il vostro ritmo. Muoversi in modo troppo aggressivo con il Lean quando un'azienda non è pronta può rapidamente spegnere le persone e far sembrare che troppa attenzione si sia spostata sugli sforzi del Lean, a scapito della missione principale dell'azienda.

Le organizzazioni che sono ben inserite nei loro viaggi Lean spesso scoprono che è utile avere una "Lean event week" durante un mese, con molteplici eventi di processo-miglioramento in programma in quel periodo. Diverse aziende hanno utilizzato con successo il concetto delle settimane dell'evento Lean per far sì che le risorse dei consulenti Lean vadano oltre (con un solo consulente che supporta più eventi) e creino uno slancio per gli sforzi Lean Six Sigma. Secondo molti esperti Lean, una volta che un'organizzazione ha maturato il suo percorso Lean, una buona regola generale è quella di tenere almeno un evento

Lean all'anno per ogni 10 dipendenti (la regola n/10).
L'implementazione Lean a questo livello può portare a
guadagni annuali di performance a due cifre, ma questa
scala e ritmo di implementazione potrebbe non avere senso
per molte organizzazioni, specialmente quelle che si
trovano all'inizio dei loro viaggi di diffusione del metodo.
Il ritmo e il livello di investimento negli sforzi Lean Six
Sigma in un'organizzazione nel lungo termine sono
domande importanti alle quali la leadership deve rispondere
e che influenzano la scelta del modello di implementazione.

9.3 Collegare gli Eventi di Miglioramento Lean alla Missione e alla Strategia Aziendale

Il Lean può essere molto più di uno strumento di
miglioramento del processo da utilizzare solo quando un
processo sembra rotto. Ci sono molte opportunità per i
progetti ambientali di implementare il Lean per migliorare
programmi e processi esistenti o per crearne di nuovi in
modo efficiente.

9.31 Sviluppare nuovi programmi, regolamenti e iniziative utilizzando il Lean

Mentre il miglioramento dei processi esistenti è importante,
i progetti ambientali possono realizzare un valore
significativo progettando nuovi programmi e processi per

essere efficienti ed efficaci fin dall'inizio. Metodi di progettazione snella come il Design for Six Sigma e l'Innovazione Lean, offrono approcci e strumenti potenti per progettare nuovi processi altamente efficaci ed efficienti. Questi metodi possono anche essere utilizzati per progettare o riprogettare prodotti, processi e programmi. Una volta che la vostra organizzazione ha familiarità con i principi e i metodi Lean di base, come l'identificazione degli "sprechi" nei processi d'ufficio e la mappatura dei processi utilizzati in eventi kaizen o eventi di mappatura dei flussi di valore, potete iniziare a identificare le opportunità in cui il Lean thinking potrebbe essere applicato per progettare processi migliori e più efficienti fin dall'inizio.

9.32 Migliorare e Gestire i Flussi di Valore per il Cliente

La maggior parte delle organizzazioni Lean Six Sigma ad alte prestazioni lavorano per gestire e migliorare i flussi di valore chiave dell'intera catena di processi e attività che forniscono valore ai clienti o agli stakeholder. Per un progetto ambientale, questi potrebbero essere i servizi che l'azienda fornisce alla società e ai componenti chiave che lavorano per ottimizzare questi flussi di valore. Questo può portare ad approcci più olistici alla gestione ambientale che vanno oltre i tradizionali silos per l'aria, l'acqua, l'energia ed i rifiuti. Ad esempio, un progetto ambientale potrebbe esaminare in maniera esaustiva il modo in cui fornire tutti i servizi di protezione ambientale (per l'aria, le acque reflue e l'impatto dei rifiuti pericolosi, così come l'assistenza tecnica con iniziative di prevenzione dell'inquinamento, degli infortuni e di sostenibilità) alle imprese che cercano di localizzarsi nel paese, piuttosto che concentrarsi sull'ottimizzazione della sola autorizzazione dell'aria o di un'altra parte di quel flusso di valore. Alcuni comuni e aziende municipalizzate hanno adottato questa visione orientata al cliente e hanno creato centri di servizi di quartiere dove i cittadini possono accedere ai servizi da più dipartimenti governativi in un unico luogo. Allo stesso modo, alcuni stati hanno sviluppato centri di business per supportare la concessione di licenze e permessi aziendali semplificati.

I metodi Lean Six Sigma offrono alcune utili lezioni su come pianificare, organizzare e gestire efficacemente le organizzazioni per ottimizzare i loro flussi di valore. Tali lezioni possono aprire interessanti possibilità per progetti ambientali.

9.33 Collegare gli Eventi di Miglioramento Lean Six Sigma alla Missione e alla Strategia Aziendale

Durante la loro trasformazione in imprese Lean Six Sigma, le organizzazioni collegano sempre più spesso le loro attività di miglioramento ai loro processi di pianificazione strategica e di definizione degli obiettivi. Un metodo potente conosciuto come "spiegamento di strategia" (anche conosciuto come hoshin kanri) collega elegantemente gli obiettivi strategici di un'organizzazione con una cascata di programmi e attività sempre più specifici che sostengono gli obiettivi. Questo spiegamento di strategia ha una durata tipicamente da uno-a cinque anni (aggiornato annualmente). La presentazione visiva di questo processo altamente interattivo di pianificazione e spiegamento di strategia usando il metodo di gestione visiva incorpora le misure chiave di prestazione ed assegna le responsabilità specifiche per realizzare gli obiettivi agli individui di tutti i livelli dell'organizzazione. Questo crea un mezzo potente per collegare le iniziative Lean Six Sigma con la missione e la strategia di un'organizzazione. Il risultato finale è un processo di pianificazione strategica dinamico e vivo che è intrinsecamente legato alle attività e agli sforzi di miglioramento che sono pianificati ed eseguiti nell'organizzazione.

9.34 Pensieri conclusivi

Mentre il percorso Lean Six Sigma richiede duro lavoro e perseveranza, i risultati possono essere trasformativi, liberando i dipendenti per dedicare più tempo al lavoro a valore aggiunto. Così si migliorano drasticamente i risultati di performance, la soddisfazione di clienti e stakeholder e il morale dei dipendenti. Il percorso Lean Six Sigma può portare ad azionisti soddisfatti, dipendenti motivati e impegnati, leader appassionati e una migliore qualità ambientale.

10. Come il Lean Six Sigma si rapporta con l'Ambiente

La ricerca ha dimostrato che i metodi Lean Six Sigma migliorano le prestazioni ambientali, anche senza aggiungere intenzionalmente considerazioni ambientali. Notevoli vantaggi ambientali spesso "cavalcano le azioni" dell'implementazione del Lean. Ci sono due ragioni principali per cui questo si verifica:
1. Gli impatti ambientali sono incorporati negli obiettivi del Lean cioè eliminare i rifiuti "waste".
2. Il Lean produce una cultura organizzativa altamente favorevole alla minimizzazione dei rifiuti, alla prevenzione dell'inquinamento, ai sistemi di gestione ambientale e alla sostenibilità.

10.1 I Benefici Ambientali derivano dall'Eliminazione degli Sprechi e dei Rifiuti "Waste"

Gli sforzi dell'implementazione del Lean Six Sigma possono creare potenti azioni di miglioramento ambientale, dal momento che gli impatti ambientali sono incorporati nei rifiuti di produzione oggetto del Lean. La riduzione di questi rifiuti produce vantaggi ambientali. Ad esempio, un minore sovra-trattamento e un trasporto più efficiente si traduce in minori emissioni. Inoltre, la riduzione dello spazio di stoccaggio e di inventario grazie alla creazione di unità di produzione delle giuste dimensioni, si traduce in una riduzione dei materiali, del terreno e dell'energia consumata. L'attenzione di Six Sigma alla riduzione della variabilità contribuisce anche a migliorare l'ambiente associato all'eliminazione dei difetti, a ridurre i rischi e a migliorare l'affidabilità e le prestazioni dei prodotti.

10.11 I benefici ambientali con il Lean Six Sigma

Anche senza integrare intenzionalmente considerazioni ambientali, il Lean Six Sigma può portare a significativi benefici ambientali. Di seguito è riportato uno dei tanti esempi di applicazione dei concetti Lean For Green.

L'aeroporto di Monaco e Lufthansa stanno lavorando insieme per rendere i viaggi aerei sostenibili e si sono impegnati pubblicamente per limitare efficacemente gli effetti ambientali e climatici. Nella nuova esposizione "Green Gate" nel terminal satellitare dell'aeroporto, i passeggeri possono ora conoscere i molteplici programmi e iniziative delle due compagnie per promuovere la mobilità sostenibile. Nell'area di attesa del Gate K21 del terminal satellitare, i partner hanno creato una zona di scoperta con un concetto visivo accattivante, incentrato su aspetti affascinanti della protezione dell'ambiente e del clima. Pannelli informativi con testi brevi, immagini, infografica, video ed elementi interattivi offrono uno sguardo di facile comprensione sulle misure già adottate per migliorare l'equilibrio ecologico e sulle strategie future. Con il suo design sostenibile e i moderni ammortizzatori climatici, il terminale satellitare stesso stabilisce nuovi standard per l'efficienza energetica. La presentazione del Green Gate mette in evidenza anche i risultati ottenuti da Lufthansa in materia di efficienza dei carburanti, soprattutto con la sua moderna flotta. Il primo esempio è l'Airbus A350-900, uno degli aerei passeggeri più innovativi al mondo, che Lufthansa opera sulle rotte a lungo raggio dall'hub di Monaco. L'aeroporto e la compagnia aerea si completano a vicenda e lavorano per cogliere gli effetti di sinergia. Questo fa dell'aeroporto di Monaco di Baviera un leader nell'aviazione verde. Qui è possibile vedere uno dei più avanzati jetliner di linea a lungo raggio del mondo parcheggiato in uno dei migliori terminal del mondo. Questo aereo non solo crea maggiore comfort per i passeggeri ma va anche a beneficio dell'ambiente, ha detto il Dr. Michael Kerkloh, CEO e Presidente dell'aeroporto di Monaco di Baviera all'inaugurazione ufficiale del Green Gate. Wilken Bormann, l'amministratore delegato del Munich Hub di Lufthansa, ha preso atto della strategia condivisa di protezione del clima dell'industria aeronautica, che prevede un miglioramento dell'1,5% annuo dell'efficienza del carburante fino al 2020 e una riduzione del 50% delle emissioni nette di CO_2 entro il 2050 rispetto ai livelli del 2005. "L'Airbus A350-900 raggiunge un risparmio di carburante migliore di qualsiasi altro aereo comparabile, e utilizza in media solo 2,9 litri di carburante per 100 chilometri di passeggeri". Inoltre, il nuovo "whisper jet" riduce significativamente l'impatto acustico sui residenti nell'area circostante. L'impronta acustica dell'A350 è inferiore del 50% rispetto a quella dell'A340", ha dichiarato Bormann.

I display del Green Gate offrono spunti di riflessione su una gamma sfaccettata di argomenti legati alla sostenibilità nel settore dell'aviazione. Ad esempio, ci sono pannelli informativi sulle nuove procedure di approccio, la procedura ecologica per la fornitura di aria precondizionata agli aeromobili, lo sbrinamento degli aeromobili e il riciclaggio dei fluidi per lo sbrinamento, il monitoraggio della qualità dell'aria e l'impegno delle due aziende per la biodiversità e la protezione del rumore e del suono.

Con Green Gate, l'aeroporto di Monaco e Lufthansa sottolineano il loro comune impegno a favore di operazioni sostenibili e responsabili in tutte le sfere di attività, al fine di aumentare l'efficienza ecologica, sia nell'aeroporto stesso che nelle operazioni di volo.

10.2 Benefici Ambientali come Risultato del Cambiamento Culturale

Il Lean Six Sigma produce un ambiente operativo e culturale che è altamente favorevole alla minimizzazione dei rifiuti, alla prevenzione dell'inquinamento e alla sostenibilità. I metodi Lean Six Sigma si concentrano sull'eliminazione degli sprechi migliorando continuamente la produttività delle risorse e l'efficienza produttiva, che spesso si traduce in meno materiale, meno capitale, meno energia e meno rifiuti per unità di produzione. Il Lean Six Sigma promuove inoltre una cultura del miglioramento continuo, sistematica e coinvolta dei dipendenti, simile alle iniziative di miglioramento ambientale.

Come i sistemi di gestione ambientale, il Lean Six Sigma utilizza un modello Plan-Do-Check-Act per il miglioramento continuo (vedi Figura 10.1).

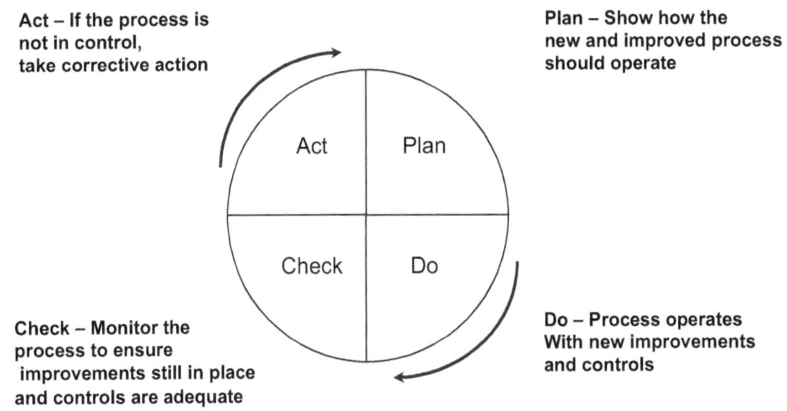

10.3 Muccia: La nuova scuola di domani
"Rafforzare le Persone e le Comunità"

Con Simona Zito Chopard Italia General Manager, abbiamo pensato di inserire questo caso studio nel libro "Lean for Green", che racconta le migliori pratiche per l'eccellenza sostenibile, perché rappresenta un esempio di eccellenza italiana molto importante nel percorso di Sostenibilità che Chopard ha intrapreso dal 2013, chiamato "Il viaggio verso il lusso sostenibile" e ben descritto nel libro

Chopard Italia e la Fondazione Andrea Bocelli, hanno inaugurato il 20 giugno 2019, alla Fortezza da Basso di Firenze, la mostra fotografica "MUCCIA: LA NUOVA SCUOLA DI DOMANI - RESPONSABILIZZARE LE PERSONE E LE COMUNITÀ". Una raccolta di immagini e suggestioni che incrociano il percorso che ha portato alla ricostruzione della scuola primaria e dell'asilo nido "E. De Amicis" di Muccia, distrutta dal terremoto del 2016.

Fig. 10.2   **Chopard's Exhibition "Muccia - The New School of Tomorrow" at Pitti Immagine Bimbo**

Chopard Italia ha sostenuto il progetto ideato e promosso dalla Fondazione Andrea Bocelli con una donazione che ha contribuito alla creazione della nuova scuola, con proposte in perfetta sintonia con i principi formativi e ispiratori del progetto.

La "scuola del futuro" di Muccia - così è stata definita come una delle prime scuole costruite completamente secondo precisi criteri di ecosostenibilità e rispetto dell'ambiente - è stata inaugurata sul suo territorio il 26 giugno 2019.

Per Chopard, che da tempo sostiene progetti volti ad aiutare e migliorare le condizioni di vita e l'educazione dei bambini, sposare l'impegno dell'ABF per la ricostruzione della scuola di Muccia è stata una scelta naturale. E' inoltre rafforzata dalla filosofia che il brand persegue dal 2013 attraverso il progetto The Journey to Sustainable Luxury, volto a creare un lusso sempre più sostenibile dal punto di vista etico e ambientale. È in questa scia che Chopard ha contribuito alla creazione dell'aula di Arte, Scienza e Sostenibilità, che sarà il fulcro attorno al quale ruoteranno i nuovi laboratori per i bambini della scuola di Muccia. Il gioiello che simboleggia questa "partnership del cuore" è un braccialetto della Happy Hearts Collection. Un bracciale in oro etico certificato e agata verde, in perfetta sintonia con i valori fondamentali del marchio che lo uniscono a questo progetto in Italia.

Fig. 10.4 **The opening of E. De Amicis in Muccia, Italy**

In questa attività a sostegno di ABF è stata creata una guida decalogo dei contenuti, che arricchirà il percorso formativo degli strumenti didattici paperless e non solo. Una sorta di passaporto "green oriented" finalizzato ad un approccio etico e sostenibile che non è solo ambientale ma anche umano e relazionale. Uno degli obiettivi dell'iniziativa - oltre all'aiuto concreto per la comunità colpita - è infatti quello di far crescere nei bambini il giusto grado di consapevolezza e partecipazione su un tema ormai vitale per il loro futuro. Chopard, azienda ginevrina di orologi e gioielli fondata nel 1860, è un'azienda a conduzione interamente familiare con una filosofia di indipendenza estremamente forte. Oggi è uno dei marchi leader nel settore dell'orologeria e della gioielleria di lusso. Nel settore dell'orologeria maschile, Chopard è uno dei pochi marchi a fregiarsi dell'ambito titolo di "Manifattura", producendo internamente i movimenti che animano gli orologi della collezione L.U.U.C.. Chopard è partner ufficiale della Mille Miglia e sponsor principale del prestigioso Festival di Cannes. Dal luglio 2018, Chopard utilizza solo ed esclusivamente oro etico per tutti i suoi gioielli e orologi. Un traguardo molto importante nel percorso di sostenibilità che l'azienda ha intrapreso dal 2013 e che si chiama "The Journey to Sustainable Luxury". ABF La Fondazione Andrea Bocelli nasce nel 2011 per aiutare le persone bisognose a causa di malattie, povertà ed esclusione sociale, promuovendo e sostenendo progetti in Italia e nei paesi in via di sviluppo che promuovono il superamento di queste barriere e la piena espressione delle sue potenzialità.

Il futuro si nutre della memoria del passato e della ricerca del presente, a cura della Fondazione Andrea Bocelli "ABF"

Il progetto del nuovo Polo Scolastico De Amicis di Muccia concentra la sua massima attenzione sulla sicurezza e la stabilità, accogliendo le forme e i colori del contesto fisico geografico che lo circondano, ma anche i pensieri, le idee e i desideri dell'ambiente storico, culturale e sociale nel quale si inserisce. L'impegno del gruppo di lavoro è quello di realizzare un "luogo educativo" capace di far emergere l'identità del contesto in cui sorge e, nello stesso tempo, essere centro promotore di relazione con l'ambiente e contaminazione con la stessa comunità circostante.

La struttura che accoglie il polo scolastico, infatti, si presenta con una forma che ricorda due grandi ali che si incontrano in uno spazio centrale, Agorà e cuore dell'edificio; un'ampia porta a vetri separa lo spazio centrale dalla piazza esterna che si trova davanti alla scuola. La piazza sul fronte non ha recinzioni, è aperta verso il paese e sembra insinuarsi nell'Agorà interna della scuola, per accogliere non solo i bambini e i ragazzi ma l'intera comunità. Il cuore della scuola ha al centro il pianoforte per sottolineare il valore che la cultura musicale rappresenta per l'aggregazione e la comunicazione tra le persone.

La cura dei particolari rispetto alla loro funzionalità si allea con la cura estetica: l'inserimento di un grande acquario è una proposta ma, soprattutto, un simbolo di come e di quanto l'ambiente educativo/scolastico debba essere in primo luogo accogliente, capace di ospitare, sostenere ed incoraggiare il desiderio di esplorare e di conoscere, per consentire un progressivo arricchimento delle esperienze quotidiane dei bambini.

L'offerta di un ambiente bello, anche dal punto di vista estetico, ai bambini, alle loro famiglie e alla comunità, connota il riconoscimento dell'infanzia come un valore. Se i bambini rappresentano il valore più alto per i genitori e per la società, la cura dei luoghi dove i bambini crescono e apprendono emerge come il primo atto educativo.

11. Il Significato del Brand "Lean For Green"

Dato che c'è ancora molto lavoro da fare per collegare il Lean Six Sigma con gli sforzi di miglioramento ambientale, come dovrebbero riferirsi i professionisti dell'ambiente per gli sforzi di integrazione del "marchio"?

Il Significato del Brand "Lean For Green" è utile per richiamare l'attenzione sugli sforzi per integrare gli universi paralleli del Lean Six Sigma e dell'Ambiente, per i fornitori di assistenza tecnica, distinguendo tra servizi Lean standard e servizi integrati che combinano il Lean Six Sigma e le competenze ambientali. Allo stesso tempo, questo termine "Lean For Green" implica che le considerazioni ambientali non sono un add-on, qualcosa di distinto e separato dal Lean, proprio perché l'obiettivo reale è un'integrazione senza soluzione di continuità. Inoltre, gli sforzi per "dipingere di verde il Lean Six Sigma" non dovrebbero essere una moda ma una realtà pratica per tutti i professionisti e promotori del metodo. I professionisti dell'ambiente dovrebbero pensare attentamente a quello che si chiama Lean Six Sigma e agli sforzi di integrazione ambientale. Brandizzare il Lean Six Sigma e l'Ambiente usando il termine "Lean For Green" è pienamente appropriato e utile quando si comunica con altri professionisti dell'ambiente. Molte aziende e personale operativo, tuttavia, possono essere scettici sul valore di incorporare le questioni ambientali nel Lean Six Sigma. Quando si comunica con il personale operativo nelle aziende, un approccio sottile per descrivere il Lean Six Sigma e l'Ambiente può funzionare meglio. L'idea di aggiungere un altro waste ambientale agli "8 waste del Lean" è un concetto potente che può aumentare la ricettività e abbassare le barriere al collegamento tra Lean Six Sigma e l'Ambiente. Infine sarebbe importante considerare la rietichettatura dei "rifiuti ambientali" usando termini che il pubblico operativo può ricevere meglio. Esempi di termini alternativi per i rifiuti ambientali includono "rifiuti di processo", "rifiuti di lavorazione" e "rifiuti materiali".

Fig. 11.1 **Lean in Finance become Green**

143

12. Conclusioni

Come descritto in questo libro, Lean e Six Sigma sono potenti metodi di miglioramento che stanno diventando sempre più importanti per le aziende di tutto il mondo. Lean Six Sigma migliora i risultati ambientali eliminando gli "sprechi" e le variazioni di produzione. Tuttavia, da soli, Lean e Six Sigma possono trascurare le opportunità di affrontare il problema dei rifiuti ambientali. Inoltre, i professionisti del Lean, Six Sigma e dell'ambiente spesso operano in "universi paralleli", utilizzando lingue diverse e coinvolgendo persone diverse, pur avendo obiettivi sinergici e utilizzando strumenti simili.

Il collegamento tra il Lean Six Sigma e gli sforzi di miglioramento ambientale offre vantaggi convincenti.

I professionisti della salute e della sicurezza ambientale possono sfruttare la cultura del miglioramento continuo promossa dal Lean Six Sigma per migliorare i risultati ambientali e fornire un maggiore valore aziendale.

Esistono diversi modelli di successo per integrare gli sforzi di miglioramento Lean Six Sigma e l'Ambiente. Questi modelli includono i modi in cui le organizzazioni hanno collegato il Lean Six Sigma agli sforzi ambientali presso le strutture, così come le partnership con i fornitori di assistenza tecnica ambientale.

Iniziare a lavorare con il Lean For Green è semplice e si può imparare a conoscere e praticare il metodo, attraverso il supporto di un professionista Lean For Green con molti anni di esperienza, partendo anche con un piccolo progetto. Non esiste un unico modo "giusto" per iniziare, ma l'importante è partire con un pilota che ha più senso per la vostra organizzazione. I praticanti spesso parlano del Lean come un viaggio. Per molti versi, il Lean For Green rappresenta una tappa di questo viaggio. Nel lungo termine, spero che i professionisti del Lean considerino comunemente i rifiuti ambientali come uno dei "rifiuti mortali" presi di mira dal Lean. Importante è vedere i professionisti ambientali come partner chiave per migliorare le prestazioni operative. Allo stesso modo, mi auguro che i professionisti dell'ambiente scopriranno il valore del Lean per il raggiungimento degli obiettivi ambientali e che lo integreranno nelle loro attività principali.

Spero che questo libro vi abbia dato delle idee per iniziare un nuovo percorso "Lean For Green" sempre più indispensabile ed attuale.

Lean for Green accoglie con favore le vostre storie e i vostri feedback mentre intraprendete il vostro viaggio verso il Lean e l'ambiente.

Alessandro Morelli

www.ingramcontent.com/pod-product-compliance
Lightning Source LLC
Chambersburg PA
CBHW042008140726
48006CB00001BA/10